零基础 学兽医

轻松学猪病防制

闫益波 主编

猪病防制入门，看这本就够了！

U0283948

中国农业科学技术出版社

图书在版编目（CIP）数据

轻松学猪病防制 / 闫益波主编 . —北京：中国农业
科学技术出版社，2015. 3
ISBN 978-7-5116-1485-8

Ⅰ . ①轻…　Ⅱ . ①闫…　Ⅲ . ①猪病－防治
Ⅳ . ① S858.28

中国版本图书馆 CIP 数据核字（2014）第 308829 号

责任编辑　张国锋
责任校对　贾晓红

出 版 者　中国农业科学技术出版社
　　　　　北京市中关村南大街 12 号　邮编：100081
电　　话　（010）82106636（编辑室）（010）82109702（发行部）
　　　　　（010）82109709（读者服务部）
传　　真　（010）82106631
网　　址　http://www.castp.cn
经 销 者　各地新华书店
印 刷 者　北京富泰印刷有限责任公司
开　　本　880mm×1 230mm　1 /32
印　　张　6.875
字　　数　204 千字
版　　次　2015 年 3 月第 1 版　2015 年 3 月第 1 次印刷
定　　价　24.00 元

编写人员名单

主　编　闫益波

副主编　赵　娟　郭希萍

编写人员（按姓氏笔画排序）

王学静　刘一飞　闫益波　李文刚

李连任　李　童　吴现时　张华奇

张悉路　项黎丽　赵　娟　郭世栋

郭希萍　郭慧娟　梁春斌　彭江萍

前　言

　　我国是生猪养殖大国，也是猪肉消费大国，生猪年存栏量和出栏量已经连续十多年稳居世界第一，国家统计局最新数据表明，2013年我国生猪出栏71 557万头，比2012年增长了2.5%。猪肉产量5 493万吨，比2012年增长了2.8%，仍然保持了较高的增长势头。作为最重要的畜产品，生猪产业已然成为我国畜牧业的支柱产业，素有"猪粮安天下"之说。

　　随着规模化养猪的快速发展，尤其是伴随产业结构调整和经济升级步伐的加快，资本市场越来越关注养猪业，许多知名企业进入养猪业，同时在国家相关优惠补贴政策的支持下，许多中小规模猪场和散养户都积极扩张规模，产业集中度逐年上升。然而随着现代化养猪的快速发展，规模化的扩大和生产水平的提高并未同步发展，尤其是猪病的肆虐和流行，常常形成毁灭性打击，成为提高现代化养猪水平的关键环节和技术瓶颈。面对新形势下猪病的新形势和新特点，养猪人必须了解和具备最基本的猪病诊疗基础知识，只有这样才能做好防病治病相关最基础的饲养管理工作，同时自己也可以解决一些简单问题和小病。为了帮助广大生猪养殖从业者掌握最基本的猪病防控基本知识，推动生猪产业的健康发展，我们组织编写了《轻松学猪病防制》这本书，本书围绕猪病防制最基础的兽医知识为中心，从当前猪病流行特点到猪的解剖生理基础、基本诊断技术、常见症状、药物使用和常见猪病的防制方法等方面的知识与技术进行了系统介绍。本书语言简洁、内容丰富、通俗易懂，实用性强，适用于广大养猪生产者、猪场技术人员、尤其是初学养猪的朋友参考。

参加本书编著的人员，大多是直接从事生猪科研、开发、生产和管理一线的科技工作者，不仅有深厚的专业理论基础，还有丰富的实践经验。在撰写过程中，力求做到通俗易懂、操作性强，同时在编写过程中，参考了部分已公开发行的文献资料，在此表示最衷心的感谢和崇高的敬意。但是，由于编者知识水平有限、时间仓促，书中难免有纰漏和错误，望广大读者批评指正。

编者

2014 年 10 月

目 录

第一章 猪的生物学基础及当前 猪病流行特点

第一节 猪的外形特征与解剖结构

一、猪的解剖特征

(一)猪的消化系统

猪是单胃动物,从解剖学角度看,猪的整个消化系统是由一整套消化器官组成,包括嘴、牙齿、舌、唾液腺体、食道、胃、小肠、盲肠、大肠、直肠、肛门、肝、胆和胰腺。图1-1展示了猪消化系统的形象结构,可以直观地了解猪消化系统的构成。

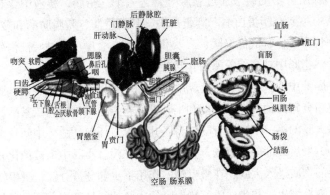

图1-1 猪的消化系统

嘴包括牙齿、舌和唾液腺，通过嘴的咀嚼作用，可以把猪采食的饲料进一步嚼碎，同时将唾液与饲料混合均匀，采食饲料后，猪通过条件反射或直接咀嚼饲料可刺激唾液腺分泌唾液，唾液主要含有水分、黏蛋白、碳酸氢盐和唾液酶，唾液中的水分沾湿饲料利于咀嚼和吞咽，黏蛋白可润滑咀嚼后的饲料便于吞咽，而碳酸氢盐作为缓冲剂不仅为唾液酶创造良好的环境条件，在食物进入胃后又可调节胃内 pH 值。猪唾液中的酶有两种，即唾液淀粉酶和唾液麦芽糖酶，淀粉酶作用于饲料中的支链淀粉，将其中少部分分解成麦芽糖，又在麦芽糖酶的作用下生成葡萄糖被消化道直接吸收。猪的唾液偏碱性，而淀粉酶也只有在偏碱性的环境中起作用。舌的作用主要是辅助采食、拌匀饲料，并直接将咀嚼后的饲料送到咽部以便吞咽。

饲料经过咀嚼进入胃后，胃壁上的腺体会立即分泌消化液，胃的消化液中含有 2%~5% 盐酸、胃蛋白酶、胃脂肪酶、胃凝乳酶。胃中脂肪酶将脂肪分解为甘油和脂肪酸，蛋白酶将蛋白质分解为多肽，由于胃壁肌肉有节律的运动，使得胃中的饲料进一步搅碎消化，并不断把消化后的液态食糜挤入小肠。

小肠是动物的主要消化器官，包括十二指肠、空肠、回肠，在十二指肠中有大量来自胰腺、肝和回肠壁的分泌液，这些分泌液对饲料有积极的消化作用，空肠和回肠完成对营养物质的吸收。位于小肠乙状弯曲处的胰腺所分泌的胰液通过胰腺导管进入十二指肠，胰液中含有多种酶，其中主要有胰蛋白酶、糜蛋白酶、胰淀粉酶、胰脂肪酶和羧基肽，这些酶将多肽分解成低聚肽、二肽和氨基酸。食糜中未被唾液消化的淀粉在十二指肠中被胰淀粉酶消化转变为麦芽糖。

小肠液中的蔗糖酶、麦芽糖酶和乳糖酶，以及氨肽酶、羧基肽酶最后将淀粉分解为葡萄糖、果糖和半乳糖，将蛋白质分解为氨基酸。

猪大肠的第一部分是盲肠，盲肠几乎没有任何功能，中间较大部分是结肠，最后一部分是直肠，直肠终止于肛门。小肠中未被消化和不能被消化的物质进入大肠，在微生物的作用下少部分被分解，微生物合成一些水溶性维生素和蛋白质。猪大肠的主要功能是吸收水分，那些未被消化吸收的物质被大肠吸收水分后形成粪便排出体外。

（二）猪的呼吸系统

呼吸系统是由呼吸道和肺两大部分组成。此外，还有胸膜、胸膜腔和呼吸肌等辅助装置。呼吸道包括鼻、咽、喉、气管和支气管。另外，鼻腔为嗅器官；喉兼有发声的作用；肺由肺泡及肺内各级支气管组成，是容纳气体和进行气体交换的场所，其功能单位是肺泡。呼吸系统的主要功能是进行气体交换，还有散热和排泄等功能。

猪的呼吸道是由鼻、咽、喉、气管和支气管组成。鼻位于口腔背侧，面部中央，既是气体出入的通道，又是嗅觉器官，对发声也有辅助作用。鼻可分为鼻腔和鼻旁窦两部分。咽位于口腔和鼻腔的后方，喉的前上方，是消化管和呼吸道交叉的地方。咽有 7 个孔与邻近器官相通：前上方为鼻咽部，有两个鼻后孔通鼻腔；前下方为口咽部，经咽峡与口腔相通；后上方有一食管口通食管；后下方经喉口通气管；两侧有一对耳咽管口与中耳相通。喉位于下颌间隙的后方头颈交界的腹侧，延伸到第 2 颈椎处，前端与咽相通，后端与器官相接。喉不仅是气体出入肺的通道，又是调节空气流量和发声的器官。喉由喉软骨、喉黏膜和喉肌等构成。气管是透明软骨借助结缔组织连接构成的软骨环作支架的圆筒状长管，可分为颈段和胸段。气管壁由内向外分为黏膜、黏膜下层和外膜。支气管是肺门与气管间的分叉管道，结构与气管基本相同。

肺是体内进行气体交换的场所，由导管部和呼吸道两部分所组成。牛、羊肺的分叶明显，左肺分为尖叶、心叶和膈叶；右肺分为尖叶、心叶、膈叶和副叶，肺小叶明显，而且尖叶又分前、后两部。猪肺的分叶与反刍兽的相同，分叶很明显，肺小叶较清楚。肺表面被覆一层浆膜，称肺胸膜（胸膜脏层）。肺分实质和间质两部分，实质为肺内导管和呼吸部，间质为结缔组织、血管、神经和淋巴管等。肺有两套血液循环管道，即完成气体交换的肺循环和营养肺的支气管循环。

（三）猪的生殖系统

1. 母猪生殖系统

母猪的生殖系统由卵巢、输卵管、子宫、子宫颈、阴道、外阴部六

部分组成。

（1）卵巢　母猪的一对卵巢位于腹部，直径约为4厘米。它们主要由发育着的卵细胞组成。每隔三周约有20个卵细胞发育成熟，直至母猪怀孕。成熟的卵细胞被包裹在含有液体的小囊中，这就是卵泡。这些卵泡慢慢成长，在母猪发情时这些卵泡最大，直径大约为1厘米。卵泡可以释放雌激素，它可以使母猪表现出典型的发情行为。在发情高峰期，卵泡破裂，释放出液体和卵细胞，这就是排卵过程。在以后的几天内，破裂的卵泡内充满组织，这种发育着的小囊被称为黄体。它们在开始时呈现紫红色。黄体可以分泌孕激素，它是母猪维持妊娠所不可缺少的一种激素。不排卵的原因有：卵巢囊肿、发炎或者雄雌同体。

（2）输卵管　释放出的卵细胞被环绕在卵巢周围的漏斗部吸收。通过纤毛的运动，卵细胞进入输卵管。在正确的受精过程中，人工授精后的精液应该通过子宫的肌肉收缩进入输卵管。这就需要有最佳的静立反射、没有任何干扰的受精以及足量的精液。如果猪的人工授精过程正确，精子和卵子将在输卵管内结合，这就是受精过程。

在受精后的几天内，发育着的胚胎通过输卵管到达子宫。如果母猪没有受精或者受精的时机不适宜，卵细胞在4~6小时后死亡。三周后母猪再次产生成熟的卵细胞并发情。当母猪的输卵管天生有缺陷时，母猪的受精过程会受到影响

（3）子宫　子宫是胎儿发育的场所。胚胎被均匀地分布在两个子宫角内。胚胎进入子宫后不久就形成羊膜囊，并附植在子宫壁上。在开始妊娠的三周后，所有胚胎都附植完毕。这是一个非常关键的时期，应该把母猪放在尽可能安静的环境里。羊膜囊与子宫内膜很好地连接在一起。母猪养分和氧气传送给胎儿，胎儿的代谢废物再排泄到母猪的血液中。妊娠35天后形成小猪的全身器官，此后胚胎继续发育，骨骼骨化，直到母猪在114天左右分娩。

（4）子宫颈　母猪分娩时，仔猪通过张开的子宫颈和阴道被产出。子宫颈是一种坚实的、平滑的括约肌，除发情和分娩期外，平时都是牢固关闭的。子宫颈的内层在妊娠期间产生黏液。黏液形成栓以阻止感染性物质从阴道进入子宫。子宫颈的内表面布满了一系列的螺旋脊，也

称环形褶。正是这些环褶，在交配时，公猪阴茎的前端或在人工授精输精管螺旋体的尖端在交配期间被固定住。

（5）阴道和外阴　膀胱通过尿道通向阴道。为了防止导管插入膀胱，在进入阴道时应向上倾斜。导管插入年轻母猪后应同时抚摸阴道瓣。导管插入太猛会引起出血，这对于母猪和精液的质量都有危害。

外阴是唯一可以从外面直接观察到的母猪生殖器官。母猪发情时，外阴红肿，温度升高，黏膜湿润。这些特性将有益于发情检查。

2．公猪生殖系统

公猪的生殖系统由阴囊、睾丸、附睾（2个）、输精管（2个），附性腺（其中包括前列腺及2个精囊、2个尿道球腺）、阴茎和包皮等组成。

（1）阴囊　阴囊脂肪沉积量少，以避免睾丸因隔热而过于温暖，阴囊可以保证睾丸的温度总比体温低2~3℃。只有在较低的温度下睾丸才能生成精子。正是由于这个原因，睾丸温度与体温相同的隐睾者产生不了有活力的精子。精细管产生精子细胞，它占睾丸的90%以上。睾丸中精子的产生需要3周的时间。

（2）睾丸　睾丸除产生精子外，还分泌雄性激素睾酮，该激素决定着公猪的行为、公猪的味道和体内附性腺分泌精液。公猪一出生，其睾丸就很活跃，1日龄公猪血中睾酮浓度同成年公猪几乎一样，但不能产生精子，4周龄后受抑制，变得相对不活跃。3月龄睾丸再次活跃，血中睾酮浓度上升直到10月龄左右。4~5月龄可在精小管中发现成熟精子，但在7~9月龄以前所产生的精子还不足以交配受孕。

（3）附睾　精子从睾丸中产生后，由于精子的累积加上交配期间收缩造成的生长压迫，使未成熟的精子从睾丸的管腔进入附睾，附睾是精子成熟的场所。附睾是由一条卷曲的狭窄管道组成。精子在这条卷曲的管道中逐渐成熟。这段时间大约为两个星期。头、体、尾部的完全填充需要3~5天时间，若采精频率过高，精子数目会减少。

（4）输精管　当公猪开始爬跨时，精子从输精管中溢出。输精管一直延伸到膀胱附近的尿道处。在交配时，从附性腺中分泌出的液体也加入到精子中形成精液。从精子的生成到射精过程有5~6个星期的时间。

如果公猪处于不良的健康状态时，5~6周后的精液品质会表现不好。如果公猪发烧，那客观情况下其产精液品质也要下降。

（5）附性腺　附性腺可以生成大量的液体来为精子提供营养和作为传送的媒介。精囊腺和前列腺在产生射精时常释放水样流体。精液含低分子量的蛋白质，当精子穿过子宫到达发生受精的输卵管时，这种蛋白质可包裹精子，使其免受母猪免疫系统的破坏。尿道球腺分泌一种木薯淀粉样物质，这种物质被认为起子宫颈栓的作用，从而减少本交后精液的流失。在富含精子部分射出后，通常会射出较大数量的这种物质。保证有规律的采精，其副性腺液与精子的比率可保持稳定。

（6）阴茎　成年公猪的阴茎伸展时至少达50厘米。阴茎的外部是由围绕着尿道内部的牵缩肌组成。阴茎由两条根连接到骨盆的坐骨角（S形角）上。在包皮中的阴茎最前端形状是非常有名的木栓螺旋形。牵缩肌被固定在S形曲线上，而且它把阴茎包在包皮内。在阴茎挺起时，牵缩肌舒缓，以便使阴茎从包皮中伸出。同时挺起组织使阴茎变得坚硬。有时阴茎确实挺起但是牵缩肌没有完全舒缓。如果阴茎的挺立不够完全，那么就不可能有好的交配行为。有时挺立不完全，而牵缩肌已经正常舒缓。这时阴茎太柔软，也不可能取得良好的交配效果。对于公猪不能进行良好交配活动的另外一些问题是公猪的跛行症和后肢的虚弱。

二、猪的生物学特性

（一）性成熟早，多胎高产

一般地方品种猪4~5月龄达到性成熟，5~6月龄即可配种。瘦肉型猪的初情期6月龄，7~8月达性成熟。猪妊娠期平均114天。一般断奶后4~7天可再发情配种，性周期为18~20天。

猪是多胎动物，繁殖力强。母猪卵巢中有卵原细胞11万枚，一般每个发情期排卵12~25枚，每胎产仔8~12头，母猪年产可达2~2.4胎。我国太湖猪的高产品系，平均每个发情期排卵25~68枚，每胎产仔12~16头，曾创下一胎产仔36头的纪录。

（二）生长快，饲料利用率高

猪出生后生长发育特别快，35日龄时体重可达8千克，为初生时的6~7倍，70日龄体重可达25千克，为初生时的20倍左右。5~6月龄体重增至90~100千克，生长期料肉比3∶1左右，而在生长前期料肉比仅为2∶1，饲料转化率高。因此要供给充足的营养，保障适宜的环境，促进其生长发育，特别是抓住前期生长快的特点，使其充分发育生长。

（三）杂食性，饲料来源广

猪是杂食动物，门齿、犬齿和臼齿都较发达，胃是肉食动物的简单胃和反刍动物的复杂胃的中间类型，因而能利用各种动植物和矿物质饲料，并且利用饲料能力强，其产肉效率高于牛、羊，但比肉鸡低。但猪对粗纤维的消化力较差，仅靠大肠的微生物的分解作用，这远比不上反刍动物的瘤胃，猪日粮中粗纤维含量越高其消化率也就越低。

一般仔猪料粗纤维低于4%，肥育料低于7%，种母猪料为11%左右（有报道16%有利于母猪肠道改善，对哺乳期多采食有利，并有防止便秘等作用）。

（四）不耐热，对光化性照射的防护力较差

猪的汗腺退化，皮下脂肪厚，阻止体内热量大量散发，皮肤的表皮层较厚而且被毛稀少，造成对光化性照射（特别是紫外线）的防护力较差。当环境温度达30~35℃时，食欲下降，超过35℃时则不能忍受（大猪），高温不利于猪的生长和繁殖，高温季节运输也很危险，易造成中暑死亡。与大猪相反，仔猪因皮下脂肪少，皮薄毛稀，体表面积相对较大故怕冷和潮湿，低温可使其体温下降，甚至冻僵冻死。猪的适宜温度为：仔猪30℃左右（1~3日龄30~34℃，4~7日龄28~32℃，以后每周下降2~3℃，种猪为15~22℃）。等热区是在一定温度范围内，猪可根据物理性调节，感觉舒适，体重增长较快。等热区下限称临界温度。

（五）视觉不发达，听觉和嗅觉灵敏

猪的视觉很弱，对光线强弱和物体形象的分辨能力不强，近乎色盲。但猪的听觉很灵敏，能鉴别出声音的强度、音调和节律，容易对呼名、口令和声音刺激物的调教养成习惯（定岗定人是有根据的，利于调教）。猪的嗅觉也特别发达，仔猪在生后几小时便能鉴别气味而固定乳头（哺乳母猪靠信号声音呼唤仔猪吃奶，放奶时间约45秒，放奶时发出哼哼声），猪能依靠嗅觉有效地寻找地下埋藏的食物，能识别群内个体（合群咬斗），在性本能中也起很大作用。例如：发情母猪闻到公猪特有的气味，即使公猪不在场也会表现出"发呆"反应。

（六）群居位次明显，爱好清洁

猪具有合群性，习惯于成群活动、居住和睡卧，群体内个体间表现出身体接触和保持听觉的信息传递，彼此能和睦相处，合群性较好。但也有竞争习性，大欺小，强欺弱；群体越大，这种现象越明显。

猪是爱清洁的动物，其采食、趴卧、排泄粪尿都有固定的地点。通过人工调教训练可培养猪群采食、趴卧、排泄粪尿"三点定位"的良好习性。

第二节　猪的重要生理特点

一、繁殖母猪发情排卵规律

母猪的发情周期为18~21天，发情持续期为3~5天。一个性周期大致可分为四个阶段：发情前期、发情期、发情后期和休情期。

如果是人工授精，在出现静立反射后24小时是最有效的输精时间，一般是安排在12~36小时。第一次在静立后12小时后进行，间隔12~24小时再输一次。如果公猪不在场的情况下检查出静立发情，则母猪已经超过了输精的最适阶段。

母猪排卵是在发情开始的，一般是在发情开始后 24~36 小时排卵，排卵持续时间长短不等，一般为 10~15 小时。卵子在输卵管中仅在 8~12 小时内有受精能力。公猪交配时排出精子在母猪生殖道内要经过 2~3 小时游动才能达到输卵管，精子在母猪生殖道内一般能存活 10~20 小时。据此推算，配种适宜时间是在母猪排卵前 2~3 小时，即在发情开始后的 19~30 小时。若交配过早，当卵子排出时精子已失去受精能力，若交配过晚，当精子进入母猪生殖道内卵子已失去受精能力，两者都会降低受精率或失配，即使受精，因合子活力不强，易中途死亡。

二、仔猪的生理特点

（一）生长快、生长强度大、物质代谢旺盛

仔猪出生时 1.2 千克左右，1 月龄体重可达 7 千克左右是初生时的 6 倍，2 月龄可达 18 千克以上是初生时的 15 倍以上。

仔猪出生后的强烈生长是以旺盛的物质代谢为基础的。一般出生后 20 日龄的仔猪，每千克增重沉积蛋白质 10~16 克，相当于成年猪的 30~35 倍。每千克体重所需代谢净能量是 72.8 大卡，为成年猪的 3 倍。矿物质代谢也比成年猪高，每千克增重中含钙 7~10 克、磷 4~6 克。由此可见，仔猪对营养物质的需要不论是数量上和质量上都相对较高，对营养不全的反应敏感。因此，供给仔猪以全价优质的饲料尤为重要。

（二）消化能力差，消化机能不完善

具体表现为：消化道容积小，消化液分泌不足，消化酶活力不足（缺乏盐酸），食物经过消化道的速度快等。哺乳仔猪消化器官的大小和机能发育的不完善，构成了它对饲料的质量、形态和饲喂方法、次数等饲养上要求的特殊性。

（三）保温能力差

仔猪体表面积相对较大，皮下脂肪薄、营养贮备少、毛稀、神经系统不完备、反应迟钝，其调节体温的机能发育不全，对寒冷的应激能力差，适宜温度在 35℃上下，如它们处在 20℃左右环境中生后 1 小时内

体温可降 2℃左右，约 2 天后才可恢复常温；如果裸露于 1℃环境中，2 小时可冻昏、冻僵、甚至冻死。

（四）抗病能力差

初生仔猪缺乏先天性免疫力，只有通过吃初乳获得母源抗体后才具有抗病能力。母乳中以初乳中抗体水平最高，初乳中抗体以 IgG 为主，约占抗体总量的 80%，主要是在血清中起杀菌作用，可防败血病。IgA 约占 15%，能抑制大肠杆菌的活动，可抗胃肠道病。IgM 约占 5%，对杀灭革兰氏阴性菌效力最强。常乳中抗体以 IgA 为主，约占 60%，IgG 约占 30%，而自体产生的抗体中以 IgM 为主，IgA 次之。

仔猪 10 日龄以后才开始产生自身抗体，20 日龄后才能达到高水平。因此，3 周龄以前是最关键的免疫期（临界期）（并不是所有抗体水平均在 20 日龄左右达到高水平，因其免疫器官发育不完善及各种疫苗的作用或环境抗原水平不同等均能抑制抗体水平）。同时，仔猪又开始吃料，消化机能不完善，胃液中又缺乏游离盐酸（饲料中蛋白质本身就是抗原），对随饲料饮水进入胃内的病原微生物没有抑制作用，从而成为仔猪多病的原因。

三、生长发育规律

（一）体重的增长

在正常情况下，猪体重的绝对值随年龄的增加而增大，其相对强度则随年龄的增长而降低，到成年时稳定在一定的水平，生长强度在 4 月龄最大，生长速度在 8 月龄左右最高。

（二）机体化学成分的变化

随着猪体组织及体重的生长，猪体的化学成分呈规律性变化，即随体重和年龄的增长，水分、蛋白质、灰分含量下降而脂肪迅速增加，随脂肪量的增加，猪油中饱和脂肪酸的含量也会相对增加，而不饱和脂肪酸减少（适时屠宰）。

（三）体组织的生长

体躯各部位的生长首先是体高、体长的增加，继之是深度和宽度的增加，腰部最晚。各组织器官生长早晚的大致顺序是：神经组织—骨—肌肉—脂肪。骨骼是由下而长，先长长度，后增粗度。脂肪的沉积是按花油、板油、肉间脂肪、皮下脂肪的次序。瘦肉的生长速度在30千克之前呈加速上升的趋势，在30~60千克呈恒速增长的趋势，在60千克以后呈平稳且略有下降的趋势。而脂肪的沉积速度正好相反，随体重的增加而逐渐上升，以致体重越大瘦肉比率越低。

四、猪的消化生理特点

（一）胃的消化

胃壁黏膜的主细胞分泌胃蛋白酶、凝乳酶、脂肪酶，壁细胞分泌盐酸。饲料蛋白质经胃蛋白酶作用为不同降解程度的蛋白胨，脂类在胃脂酶作用下产生一酸甘油酯和短链脂肪酸。胃液中不含消化糖类的酶，对糖类没有消化作用。

（二）小肠内的消化吸收

小肠是猪消化吸收的主要部位，几乎所有消化过程都是在小肠中进行。糖类在胰淀粉酶、乳糖酶、麦芽糖酶、葡萄糖淀粉酶的作用下分解为葡萄糖被吸收。胃中未被分解的蛋白质经胰蛋白酶继续分解为蛋白多肽，再经肠蛋白酶分解为氨基酸，经肠壁吸收进入血液。脂类在胆汁、胰脂肪酶和肠脂肪酶作用下，分解为脂肪酸和甘油被吸收。

（三）大肠内的消化

进入大肠的物质，主要是未被消化的纤维素以及少量的蛋白质。大肠黏膜分泌的消化液含消化酶很少，其消化作用主要靠随食糜来的小肠消化液和大肠微生物作用。蛋白质受大肠微生物作用分解为氨基酸和氨，并转化为菌体蛋白，但不再被吸收。纤维素在胃和小肠中不发生消化作用，在结肠内由微生物分解成挥发性脂肪酸和二氧化碳，前者被吸收，后者经氢化变为甲烷由肠道排出，猪大肠的主要功能是吸收水分。猪大肠对纤维的消化作用既比不上反刍家畜的单胃，也不如马、驴发达的盲肠。因此，猪对粗纤维的消化利用率较差，而且日粮中粗纤维的含量越高，猪对日粮的消化率也就越低。

第三节　当前猪病的流行特点

一、猪病的种类繁多、传播的速度快

目前，我国存在的猪传染病有 60 种之多，常见的大约有 30 种。流行的细菌病和病毒病都有不同程度的增加，其传播速度也非常快。

二、造成的危害越来越严重

我国是世界上猪病流行大国，每年都要造成巨大的经济损失。全国猪的死亡率为 8%~12%，每年因死亡造成的直接经济损失可达上百亿元，如果加上间接损失，可高达数百亿元以上。

三、老病不绝，新病不断

养猪业中的一些常见、多发的老病如猪瘟、猪肺疫、猪丹毒和仔猪副伤寒等仍严重地危害着养猪业。而一些新的危害严重的传染病如猪生殖—呼吸综合征、仔猪断奶后多系统衰弱综合征、猪传染性胸膜肺炎、猪传染性萎缩性鼻炎等又不断出现。由于这些新病的出现，给猪体的免疫状态带来极大的影响，使猪只抵抗力降低，发病率和死亡率提高，养殖业者损失惨重。

四、单纯感染少，混合感染多

在现代猪场，尤其是规模化猪场，猪只发病很少是单独感染，而多以混合感染的形式出现，给诊断和治疗都带来了诸多的不便，使死亡率大大增加。如猪生殖—呼吸综合征病毒单独感染生产母猪时，多引起母猪流产、早产、死产等繁殖障碍和短暂的食欲下降、嗜睡等症状，一般不会引起大批死亡，但因它多与猪肺炎支原体、猪胸膜肺炎放线杆菌、猪链球菌、巴氏杆菌、圆环病毒 2 型等混合感染，使死亡率大大提高。广东有一猪场生产母猪发生猪生殖—呼吸综合征，并继发了猪传染性胸膜肺炎，同时整个猪场还存在着明显的猪支原体性肺炎和猪传染性萎缩性鼻炎，使死亡率大大提高。截止到调查结束时，已有数十头生产母猪发病死亡。现在，自然病例单一感染的情况是很难见到的。

五、典型病例少，非典型病例多

由于疫苗的大量使用和滥用抗生素，以及用药方式不规范等原因，病原的生物学特性、抗原性、耐药性及致病性等都发生了很大的变化。由于病原在流行过程中发生了变异，临床实践中，一些老病常以新的面貌出现，典型病例一般很难见到，而非典型病例却逐渐增多，单纯靠临床症状和病理变化无法诊断，往往需要较为复杂的病原学、血清学或分子生物学等手段，甚至几种方法结合才能确诊，很容易贻误治疗的大好时机。

六、繁殖障碍性疾病及呼吸性疾病增多

随着养殖规模的不断扩大，集约化程度的不断提高，繁殖障碍和呼吸系统疾病越来越多、危害愈来愈重。其中较常见的有猪生殖—呼吸综合征、猪支原体性肺炎、猪传染性胸膜肺炎、猪传染性萎缩性鼻炎、猪伪狂犬病、猪细小病毒病、猪日本乙型脑炎、猪瘟等，繁殖障碍性疾病越来越多，给养猪业造成了巨大的经济损失。尤其是猪生殖—呼吸综合征已成为影响养猪业健康发展的主要疾病之一。

七、免疫抑制性疾病增多

继猪瘟之后，又陆续出现了猪支原体性肺炎、圆环病毒 2 型感染、猪生殖—呼吸综合征等导致免疫抑制的疾病，使机体免疫水平低下，极易造成其他病原的继发感染，加重病情，损失惨重。有人甚至认

为，猪生殖—呼吸综合征的存在，是目前制约养猪业发展的最主要原因之一。

八、细菌性疾病的危害有加重的趋势

一方面由于饲养管理不善、环境卫生状况恶劣、免疫抑制性疾病的不断增多、不科学地使用抗生素使耐药菌株不断出现，耐药谱越来越广，耐药性越来越强。另一方面，饲料中添加大量抗生素，有的甚至添加至治疗量，导致猪群一旦发生细菌性疾病则几乎到了无药可治的地步。由于耐药菌株的不断出现，使疗效下降，危害加重。

九、寄生虫病危害进一步加重

规模化饲养的猪群，在封闭和良好的饲养管理条件下生活，虽然与中间宿主接触较少，减少了寄生虫感染的机会，但由于饲养密度大，相互感染机会增多，加之猪群周转频繁，以及引种等因素的影响，寄生虫病的危害依然存在，特别是在南方高温高湿的环境条件下，表现更为明显。尤其是外寄生虫的感染更是普遍。

因此，要按照《中华人民共和国动物防疫法》，坚持预防为主的方针，要做到饲养规范化，管理科学化和防病治病经常化、制度化，提高养猪场疫病预防水平。

第二章 猪病诊断的技术与方法

第一节 猪病的临床诊断方法

基本临床检查方法包括下述六种：问诊或流行病学调查、视诊、触诊、叩诊、听诊及嗅诊，后五种又称物理学检查法。

一、视诊

用医生的视觉直接或间接（借助光学器械）观察患病畜禽（群）的状况与病变。视诊方法简便、应用广泛，获得的材料又比较客观，是临床检查的主要方法，也是临床诊断的第一步骤。主要内容如下。

观察患病畜禽的体格、发育、营养、精神状态，体位、姿势、运动及行为等。

观察体表、被毛、黏膜、眼结膜（图2-1）等，有无创伤、溃疡、

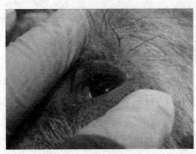

图 2-1　眼结膜检查

疮疹、肿物以及它们的部位、大小、特点等。

观察与外界直通的体腔，如口腔、鼻、阴道、肛门等，注意分泌物、排泄物的量与性质。

注意某些生理活动的改变，如采食、咀嚼、吞咽、排尿、排便动作变化等。

除了门诊对患病动物的视诊外，从目前集约化养殖的生产实践出发，从预防为主出发，兽医人员应定期深入到畜禽厩舍进行整体观察，对整批动物的上述指标进行客观了解，以及时发现异常现象，及时做出判断，进而采取行之有效的措施，保证畜禽群体的健康，以减少损失。

二、问诊

问诊就是听取畜主或饲养人员对患病畜禽（群）的发病情况及经过的介绍。问诊的内容包括以下三个方面。

（一）现病历

即本次发病的基本情况。包括发病时间、地点、发病后的临床表现、疾病的变化过程、可能的致病因素等。如怀疑是传染病时，要了解动物来源、免疫接种效果等。

（二）既往史

即患病畜禽（群）过去的发病情况。是否过去患过病，如果患过，与本次的情况是否一致或相似，是否进行过有关传染病的检疫或监测。既往史的了解对传染性疾病、地方性疾病有重要意义。

（三）饲养管理情况

了解畜禽饲养管理、生产性能，对营养代谢性疾病、中毒性疾病以及一些季节性疾病的诊断有重要价值。如对于集约化养殖来说，饲料是否全价，营养是否平衡，直接影响其生产性能的发挥，易发生营养代谢病。饲料品质不良，贮存条件不好，又可导致饲料霉变，引起中毒。卫生环境条件不好，夏天通风不良，室内温度过高、易引起中暑，冬季保温条件差，轻则耗费饲料，生产能力不能充分发挥，重则易引起关节疾病、运动障碍。

三、触诊

用检者的手或工具（包括手指、手背、拳头及胃管）进行检查的一种方法，主要用于以下几方面。

（一）检查体表状态

如皮肤的温度、湿度（不同部位的比较）、皮肤及皮下组织（脂肪、肌肉）的弹性以及浅在淋巴结的位置、大小、敏感性等。体表局部病变（如气肿、水肿、肿物、疝等）的大小、位置、性质等。

给猪测体温（图 2-2）是兽医临床上最常用的基本操作方法之一。通常测量猪的肛门直肠内温度，具体操作通常在兽用体温计的远端系一条长 10~15 厘米的细绳，在细绳的另一端系一个小铁夹以便固定。测体温时，先将体温计的水银柱稍用力甩至 35℃刻度线以下，在体温计上涂少许润滑油，然后一手抓住猪尾，另一手持体温计稍微偏向背侧方向插入肛门内，用小铁夹夹住尾根上方的毛固定。2~3分钟后取出体温计，用酒精棉球将其擦净，右手持体温计的远端呈水平方向与眼睛齐平，使有刻度的一侧正对眼睛，稍微转动体温计，读出体温计的水银柱所达到的刻度即为所测得的体温。

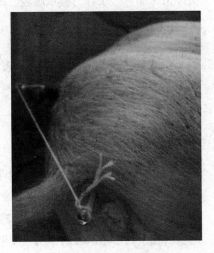

图 2-2　猪的体温测量

（二）通过体表检查内脏器官

胸部可触诊胸腔的状态，如有无胸水、胸膜炎。心区可触心搏动变化。腹部可触诊的有：小动物在两侧腹部用两手感觉腹腔内容物，胃肠等的性状；反刍动物可触瘤胃内容物的状态（如臌气、积液、积食等），也可触网胃的敏感性（网胃炎）等，以及腹腔内是否有腹水，腹膜是否有炎症等。

（三）直肠触诊

通过直肠触诊可更为直接地了解腹腔有关内脏器官的性质。除胃肠以外，还可了解脾、肝、肾、膀胱、卵巢、子宫等的状态。不但有重要的诊断价值，而且有重要的治疗意义。

触诊作为一种刺激，可判断被触部位及深层的敏感性，也可作为神经系统的感觉、反射功能的检查。触诊方法的选择，以检查目的而定。检查体温、湿度时，以手背检查为佳，并应在不同部位比较。检查体表、皮下肿物，则应以手指进行，感知其是否有波动（提示液体存在，如脓肿、血肿、液体外渗等）、弹性及捻发感（提示有气体）或面团感，有无指压痕（提示有水肿）。检查大动物腹腔，如牛的瘤胃，则可用拳头冲击（如有振水音，提示腹腔、内脏有大量积液）。

四、叩诊

叩诊是用手指或叩诊锤对体表某一部位进行叩击，借以产生振动并发出音响，然后根据音响特征判断被检器官、组织物理状态的一种方法。

（一）叩诊方法

叩诊方法有两种：一种为直接叩诊法，即用手指或叩诊锤直接叩击体表某一部位；另一种为间接叩诊法，即在被叩体表部位上，先放一振动能力强的附加物（叩诊板），然后再对叩诊板进行叩诊。间接叩诊的目的在于利用叩诊板的作用，使叩击产生的声音响亮，清晰，易于听取，同时使振动向深部传导，这样有利于深部组织状态的判断。

间接叩诊临床上常用的有两种：其一是指叩诊法，即以一手的中指（或食指）代替叩诊板放在被叩部位（其他手指不能与体表接触），以另一手的中指（或食指）在第一关节处呈90°屈曲，对着作为叩诊板的指头的第二指节上垂直轻轻叩击。这种方法因振动幅度小，距离近，适合中小动物如犬、猫、猪、羊等，其二是锤板叩击法，即叩诊锤为一金属制品，在锤的顶端嵌一硬度适中、弹性适合的橡胶头，叩诊板为金属、骨质、角质或塑料制片。叩击时，将叩诊板紧密放在被检部位，用手固定，另一手持叩诊锤，用腕关节作轴而上下摆动、垂直叩击。一般每一部位连叩 2~3 次，以分辨声音。

（二）叩诊音

根据被扣组织的弹性与含气量以及距体表的距离，叩诊音有以下几种。清音：叩诊健康动物肺中部产生的音响。浊音：音调低、短、浊，如叩击臀部肌肉时的音响，胸部出现胸水、肺实变时，可出现浊音。鼓音：腔体器官大量充气时，叩击产生的音响，如瘤胃臌气、马属动物盲肠臌气以及肺气肿时。在两种音响之间，可出现过渡性音响，如清音与浊音之间可产生半浊音，清音与鼓音之间可产生过清音等。

（三）叩诊适应范围

主要用于浅在体腔（如头窦、胸、腹腔），含气器官（如肺、胃肠）的物理状态，同时也可检查含气组织与实体组织的邻居关系，判断有气器官的位置变化。

五、听诊

听诊是利用听觉直接或间接（听诊器）听取机体器官在生理或病理过程中产生的音响。

（一）听诊方法

临床上可分为直接听诊与间接听诊。直接听诊主要用于听取患病畜禽的呻吟、喘息、咳嗽、嗳气、咀嚼以及特殊情况下的肠鸣音等。是直接将耳朵贴于动物体表某一部位的听诊方法，目前已被间接听诊取代。间接听诊主要是借助听诊器对器官活动产生的音响进行听诊的一种方法。间接听诊主要用于心音、呼吸道的呼吸音、消化道的胃肠蠕动音的

听诊。

（二）听诊时的注意事项

① 要在安静环境下进行，如室外杂音太大时，应在室内进行。

② 被毛摩擦是常见的干扰因素，故听头要与体表贴紧，此外也要避免听诊器的胶管与手臂、衣服、被毛的摩擦。

③ 听诊要反复实践，只有对有关器官的正常声音掌握好后，才能辨别病理声音。

六、嗅诊

即用鼻嗅闻患病畜禽的呼出气体、口腔气味、分泌物及排泄物的特殊气味。如呼出气体恶臭提示肺坏疽。

第二节　猪病诊断中常见的症状

一、发热

正常情况下，猪体温恒定在一定的生理变动范围内（38.0~39.5℃）。早晨低、午后高。影响体温变动的有年龄、生理状态、外界温度、运动等。每一种动物幼龄时，体温均要高出1℃左右，如断奶前后的仔猪，体温可达到39.3~40.8℃，母畜妊娠后期体温也适当升高，外界温度变化也较为明显影响体温的变化。此外，还应注意个体差异，有的生理体温在一天中变化较大，有的则变化较小，如有的个体在正常时体温在生理参考值的下限小幅度波动，当温度达到生理参考值的上限时，实际已在发热，这时如机械地按上述参考值判断，就会出现误诊。

在病理情况下，主要是体温升高，少数情况可出现体温降低。体温升高可根据其程度分为微热（体温升高1℃，可见于局部炎症，轻病）、中热（体温升高2℃，主要见于消化道、呼吸道的一般性炎症以及亚急性传染病等）、高热（体温升高3℃，主要见于大面积炎症、急性传染病等）以及超高热（体温升高3℃以上，主要见于重度急性传染病，如急性猪丹毒、传染性胸膜肺炎、脓毒败血症，以及日射病等）。应该指出，不同的个体，在发病时，体温的升高可能表现出明显的特殊性。因此不应该机械理解，应综合其他症状进行分析。

临床上具有诊断意义的热型主要有：

① 稽留型：体温日差在1℃以内且发烧持续时间在3天以上者。

② 间隙型：有热期与无热期交替出现者。

③ 张弛型：体温日差超过1℃且不降到常温者。这些都对诊断有一定的帮助。但有时由于治疗的干预，可使热型不典型，在判断时应全面考虑。

病理情况下的体温低下，主要见于重度营养不良、贫血、某些脑病等。如体温低下的同时伴有发绀、四肢末梢厥冷、心跳快弱乃至出现昏迷，则预后不良。

二、腹泻与呕吐

排便次数增加，粪便含水量增加称为腹泻。腹泻是多种动物常见的一种症状，腹泻的实质是大肠吸收减少之结果。引起腹泻的原因与机理主要有以下几种。

（一）渗透性腹泻

进入消化道的难溶性物质（如硫酸镁）可引起容积性腹泻，幼猪乳糖吸收不良亦可引起腹泻。

（二）运动性腹泻

消化道受到寒冷、药物的刺激可使肠蠕动加快，吸收减少，导致腹泻。

（三）分泌性腹泻

肠黏膜受刺激，引起大肠分泌超过吸收能力时，可出现腹泻，见于各种肠炎，这一类腹泻除分泌增加外，还有肠蠕动加快的因素。

（四）吸收性腹泻

当肠炎发生肠黏膜萎缩或肥厚时，吸收面积减少。这一类属长期慢性腹泻。

临床上可将腹泻分为两种：一种是急性腹泻；另一种是慢性腹泻。诊断时应注意病史、泻出物性状、伴随症状等，如有无食变质饲料、服药史；腹泻是水粪齐下，还是混有黏液、呈粥状或含有血样成分；伴随症状注意有无里急后重（屡次排粪动作，每次仅有少量粪便排出，是直肠发炎的特征）、排粪失禁（不取排粪姿势，粪便自动流出，表示肛门括约肌松弛）。

腹泻是一种保护性反应，特别是炎性腹泻、食入有害物质引起的腹泻，在这些情况下，不但不能止泻，而应清肠以促进有害物质尽快排出。当然对于腹泻过程中造成的水、电解质以及酸碱平衡方面反应，应及时纠正。对于慢性长期腹泻，则要治疗原发病，否则易导致动物消瘦。

胃内容物不自主地经口或鼻反排出来，称呕吐。各种动物的呕吐中枢敏感性不同，故呕吐难易程度不同。肉食兽易呕吐，杂食动物次之（如猪），草食动物不易呕吐。

引起呕吐的原因按作用机理分为两类：其一是中枢性呕吐，主要是有害物质通过血液直接作用于延脑呕吐中枢，如脑膜炎，某些传染病、内中毒及某些药物中毒；另一类是末梢性（反射性）呕吐，能引起反射呕吐的情况很多，如软腭、舌根、咽受到刺激，过食、炎症及寄生虫等，肠梗塞、腹膜炎、子宫的炎症也可引起呕吐。

猪相对易呕吐。呕吐时，伸颈低头，借膈肌与腹肌收缩，将胃内容物呕吐出。猪食后一次大量呕吐，以后不再出现，多是过食表现。食后频频呕吐，多是胃炎结果。如呕吐物混有胆汁，多是十二指肠阻塞。

呕吐与腹泻一样，本身是一种病理性保护反应，目的在于排出对胃肠有害或多余的成分。虽然不可避免地要损失体液电解质，但总体上对机体是有益的。若反复呕吐，就应查明原因加以纠正。

三、呼吸困难

对于未断奶仔猪，其呼吸困难一般是由于贫血或者肺炎引起，特别是与繁殖和呼吸综合征有关。伪狂犬病和弓形虫病也能引起呼吸困难的症状。猪繁殖和呼吸综合征可引起初生仔猪和哺乳仔猪呼吸困难、不规则腹式呼吸、张口呼吸、不愿活动和仔猪衰竭综合征。仔猪的呼吸症状比较常见于猪群最初感染繁殖和呼吸综合征时，但也可见于一些慢性感染的猪群中的疾病复发。贫血能引起未断奶仔猪用力呼吸。缺铁性贫血是个逐渐发展的过程，仔猪在 1.5~2 周龄时症状比较明显，随后症状加重。

细菌性肺炎较少见于猪仔，一旦感染，早在 3 日龄便可出现症状。咳嗽是肺炎的一个突出症状，但是贫血时则不咳嗽。贫血的猪比患肺炎的猪显得苍白。剖检时，贫血猪的心脏扩张，有大量心包液，脾脏肿大，肺水肿，但是没有其他的肺部病理变化。仔猪细菌性肺炎可由放线杆菌、巴氏杆菌、波氏杆菌或链球菌感染引起。在这些病原的鉴别上，小猪与大猪的方法相同。支气管败血性波氏杆菌引起的小猪的支气管肺炎，主要是在肺脏的尖叶和心叶有斑状病灶，有时也见于肺脏的背面。

由伪狂犬病、弓形虫病、猪瘟和非洲猪瘟引起的呼吸症状通常是继发于全身性或神经症状的。

大部分断奶猪和架子猪的呼吸道疾病是由寄生虫、细菌或者病毒侵害肺部引起的。母猪的呼吸道问题常常是由于贫血或者导致体温大幅度升高的原因等引起的。如果涉及传染性病原，则大多是病毒引起的，有些情况除外，如在有细菌感染（尤其是胸膜肺炎放线杆菌）的猪场，引进未接触过这些细菌的猪时也会发生呼吸道症状。

四、心率和脉搏变化

检查心跳频率（心率）可采取听诊办法，也可在下颌、尾根、股内动脉进行触诊。健康猪正常情况下心跳频率比较恒定，为 60~80 次/分钟。影响心跳的因素很多，其中主要是年龄因素，动物越年幼，心跳越快。其次，运动对心跳的影响也十分明显，但健康动物休息后很快恢

复原有水平。

病理性心跳（脉搏）增多，主要与心肌收缩力减弱，循环血量减少。血液中的血红蛋白含量下降以及一些神经系统因素有关。临床上主要见于以下情况。

① 所有热性病均可使心跳加快，一般体温每升高1℃，可使心跳加快4~8次。

② 心脏本身疾病，如心肌炎、心包炎等均可使心跳加快。

③ 呼吸器官疾病使有效呼吸面积下降，气体交换困难，使心跳加快。

④ 大失血、严重脱水使有效循环血量减少，各种贫血使血红蛋白含量减少，均可使心跳加快。

临床上心跳减少比较少见，可见于脑积水、脑肿瘤、胆血症及某些药物中毒（迷走神经兴奋剂）。而传导阻滞也可使心跳次数减少，但此时心跳有明显的心律不齐。

动脉脉搏检查临床上主要是检查脉搏频率（正常情况下与心跳一致）、档、性质及节律。脉性指脉的大小（振幅）、脉管的紧张度、血液充盈度以及脉波的形状等。综合上述因素，脉性可表现为以下几种。

（一）大脉与小脉

收缩力强、排血量多、血管张力弛缓，则脉搏大；反之，收缩力弱、排血量少、血管壁紧张，则脉小。大脉表示心机能良好，射血多，充盈多，血管较弛缓，如热性病初期，心机能亢进等。小脉则表示心衰竭、失血等。

（二）软脉及硬脉

这主要与血管张力大小有关。软脉压之消失，硬脉压之抵抗力大。前者见于心衰、失血。后者见于破伤风、肾炎、剧烈疼痛等疾病。

（三）实脉与虚脉

这主要反映血管充盈度，可反复按压体会。实脉则血管充盈，如热性病的初期、运动后等；虚脉示脱水严重或大失血。

（四）迟脉与速脉

指脉波的上升与下降速度而言，不是脉搏频率的快慢。脉的迟速主要决定于动脉根部压力上升与下降的持久时间，即左心室射入动脉血液的速度与流量。迟脉的脉波上升速度缓慢，速脉脉波急上急下，前者是主动脉口狭窄的特征，后者则表示主动脉半月状瓣关闭不全。

上述四种情况，除第四种少见外。前三种归纳起来，小脉、软脉、虚脉基本情况是一致的，即表示心收缩力弱，心输出量少。而大脉和实脉都是反映心收缩力良好，血液充盈。硬脉在临床上主要见于破伤风、剧烈疼痛等，比较少见。

五、神经症状

引起神经系统变化的原因很多，除神经系统本身外，内、外源性中毒、营养代谢性疾病、某些传染病、寄生虫病等均可导致神经系统机能改变。但兽医临床上对神经系统的直接检查是困难的，只能通过神经系统的多种机能状态来判断其发病原因与发病部位。不过对于神经系统本身的原发病，即使诊断清楚，由于动物的经济价值因素，临床治疗意义也不大。但对于其他疾病引起神经系统机能障碍时，准确的诊断有助于原发病的诊治。

神经系统机能障碍的症状可分为四类。

（1）刺激性症状　即神经组织受到刺激引起的兴奋过度。

（2）释放性症状　高级神经组织受损后，正常时受其制约的低级中枢出现机能亢进。

（3）缺失性症状　即病变组织功能减退或丧失。

（4）回休克性症状　即中枢损伤后，远离部位神经功能暂时丧失。

神经系统症状除意识丧失外，还表现为：

（1）运动机能改变　如强迫运动，共济失调，痉挛和瘫痪。

（2）感觉机能改变　分为浅感觉（皮肤痛觉、温觉等）和深感觉（肌、腱、关节等）两种。

（3）反射机能改变　一般反射减弱见于脑水肿、濒死期；反射亢进见于中毒性疾病，一些代谢疾病及脑脊髓炎等。

六、母猪繁殖障碍

繁殖障碍以早产、流产、产死胎或木乃伊胎，久配不孕，受胎率低等繁殖障碍为主要特点。猪流产的原因很难诊断，经常不能确诊。通常，引起死产或流产的病原在有临床表现时就已经不存在于体内了。但是，有些特征性的临床症状是有助于诊断的，至少可以帮助确定可能涉及的病原的大体类别。有两大类型的病因：一类是引起原发性生殖道感染，并可造成 30%~40% 的流产、木乃伊胎和死产；第二类造成其余的 60%~70% 的流产，包括毒素、母猪的环境性或营养性应激和全身性疾病等。

通常当死胎发生时，同窝中的胎儿年龄不同，最小的胎儿在发生流产前的某个时间就已经死亡。病毒感染是造成木乃伊胎的主要原因，但是其他病因也可以造成木乃伊胎。当一窝内仅有一头或几头死产，这很可能是由于产仔事故，如一窝中仔猪太多，生产次序靠后、生产时间延长或者缺氧等。当一窝中既有死产又有木乃伊胎，这很可能与传染性病原有关。

第三节　猪病诊断中常见的病理变化

一、充血

在某些生理或病理因素的影响下，局部组织或器官的小动脉发生扩张，流入血量增多，而静脉回流仍保持正常，这种组织或器官内含血量增多称为动脉性充血，又称主动性充血，简称充血。充血可分为生理性充血和病理性充血两种。前者如采食时胃肠道黏膜表现的充血和劳役时肌肉发生的充血等现象。病理性充血则是在致病因素的作用下发生的，如炎症早期发生的动脉性充血。

组织发生充血时色泽鲜红，温度增高，机能增强，体积稍肿大。黏膜充血时常称为"潮红"。充血组织、器官的色泽鲜红是由于小动脉和毛细血管显著扩张，流入大量含有氧合血红蛋白的血液之故；温度升高是由于血流加速和细胞的代谢旺盛；由于充血部组织代谢旺盛，所以该组织或器官的机能增强。镜下可见小动脉和毛细血管扩张充满红细胞，有时可见炎性渗出等变化。

二、瘀血

在局部组织器官内，若动脉流入的血量保持正常，而静脉的血液回流受阻，因此在静脉内充盈大量血液，则称为静脉性充血，又称被动性充血，简称瘀血。在病理情况下，静脉性充血远比动脉性充血多见，具有重要的诊断价值和病理学意义。

瘀血是一种最常见的病理变化，不论引起瘀血的原因如何，其病变特点基本相似，主要表现为瘀血组织呈暗红色或蓝紫色，体积增大，机能减退，体表瘀血时皮温降低。

瘀血时由于静脉回流受阻，血流缓慢，使血氧过多地被消耗，因而血液中氧分压降低、氧合血红蛋白减少，还原血红蛋白含量显著增多，血管内充满紫黑色的血液，故使局部组织呈暗红色或蓝紫色。这种现象在可视黏膜称为发绀。又因瘀血时血流缓慢，热量散失增多，加上局部组织缺氧，代谢率降低，产热减少，所以体表部瘀血区表现皮温降低。瘀血时因局部血量增加，静脉压升高而导致体液外渗，结果使瘀血组织的体积增大。

此外，发生长时间持续性瘀血时，常能引起以下严重病变。

① 由于缺氧造成毛细血管通透性增加，故有大量液体漏入组织间隙，造成瘀血性水肿。若毛细血管损伤严重时，则红细胞也可漏到组织内形成出血，称为瘀血性出血。

② 随着缺氧程度的加重，局部组织常发生严重的代谢障碍，组织内中间代谢产物堆积，轻者引起瘀血器官实质细胞变性、萎缩，重者可发生坏死。

③ 瘀血组织的实质细胞发生坏死后，常伴有大量结缔组织增生，

结果使瘀血器官变硬，称为瘀血性硬化。

三、出血

血液流出心脏或血管，称为出血。血液流至休外称为外出血，流入组织间隙或体腔，则称为内出血。根据出血的发生机制不同可将其分为破裂性出血和渗出性出血两种。

（一）破裂性出血

其病变常因损伤的血管不同而异。小动脉发生破裂而出血时，由于血压高而出血量多，常使流出的血液压迫和排挤周围组织而形成血肿。同时，根据出血发生的部位不同，又有一些不同的名称，如体腔内出血称为腔出血或腔积血（如胸腔积血和心包腔积血等），此时体腔内可见到血液或凝血块；脑出血又称为脑溢血；混有血液的尿液称为血尿；混有血液的粪便称为血便；鼻出血称衄血；肺出血称咯血；胃出血称吐血或呕血。

（二）渗出性出血

渗出性出血时，眼观甚至镜下也看不出血管壁有明显的形态学变化，红细胞可通过通透性增强的血管壁而漏出血管之外。渗出性出血发生于毛细血管和微静脉。出血常伴发组织或细胞的变性或坏死。兽医临诊上，常见的渗出性出血是由于血管壁在细菌毒素、病毒或组织崩解产物的作用下，发生不全麻痹和营养障碍，内皮细胞间的黏合质和血管壁嗜银性膜发生改变，使内皮细胞间孔隙增大而造成的。

渗出性出血常因发生的原因和部位不同而有所差别，其表现常见的有以下三种。

1. 点状出血

又称淤点，出血量少，多呈粟粒大至高粱米粒大散在或弥漫分布，通常见于浆膜、黏膜和肝脏、肾脏等器官的表面。

2. 斑状出血

又称淤斑，其出血量较多，常形成绿豆大、黄豆大或更大的密集状血斑。

3.出血性浸润

血液弥漫地浸润于组织间隙，使出血的局部呈大片暗红色，如猪瘟的出血性淋巴结炎等。

此外，当机体有全身性出血倾向时，则称为出血性素质。

四、贫血

贫血是指单位容积血液内红细胞数或（和）血红蛋白量低于正常值，并伴有红细胞形态变化和运氧障碍的病理过程。它不是一种独立的疾病，而是伴发于许多疾病过程中的常见症状（如雏鸡和马的传染性贫血）。但有时在某些疾病（如严重的创伤，肝脏、脾脏破裂等）过程中，贫血常为疾病发生、发展的主导环节，并决定着疾病的经过和转归。

根据贫血发生的原因和机制，可将其分为出血性贫血、溶血性贫血、营养缺乏性贫血和再生障碍性贫血四种。

（一）形态变化

1.红细胞的变化

贫血时，除了红细胞数量与血红蛋白含量减少外，外周血液中的红细胞还会发生的变化主要有以下几种。

（1）红细胞体积改变　或大于或小于正常红细胞，前者称为大红细胞，后者称为小红细胞。

（2）红细胞形状改变（异形红细胞）　红细胞呈椭圆形、梨形、哑铃形、半月形和桑葚形等。

（3）网织红细胞　对正常血液做活体染色时，可见其中含有少量（0.5%~1%）嗜碱性小颗粒或纤维网样的幼稚型红细胞，称为网织红细胞。在贫血时，网织红细胞增多，这是红细胞再生过程增强的表现。

（4）有核红细胞　红细胞中出现浓染的胞核，其大小与正常红细胞相仿或稍大，此种红细胞称为晚幼红细胞（即未成熟的红细胞）。这些细胞在血液中出现，也是造血过程加强的标志。在一些重症贫血时，血液内出现胚胎期造血所特有的原巨红细胞，这种细胞体积异常巨大，含有大而淡染的核，表示造血过程返回到胚胎期的类型。

（5）Jolly 小体和 Cabot 环　贫血时，红细胞胞浆内出现单个或成对的蓝色圆形小体，称为 Jolly 小体，它是红细胞核质的残迹。Cabot 环呈环形，它可能是红细胞核膜的残迹。

（6）红细胞染色特性改变　包括染色不均和多染。前者表现为含血红蛋白多的红细胞着色深，而含血红蛋白少的红细胞染色变淡，且多呈环形。后者表现为细胞浆一部分或全部变为嗜碱性，呈淡蓝色着染。这是一种未成熟的红细胞，见于骨髓造血机能亢进时。

2. 骨髓的变化

主要变化是红骨髓增殖，有核红细胞生成增多。需要指出的是骨髓中红细胞的含量和外周血液的红细胞量之间是不存在直接比例关系的。因此，在判断骨髓的红细胞生成机能时，不能只根据骨髓中有核红细胞的数量，而应当将骨髓象和外周血液的血液象与血红蛋白的材料进行对比研究，这样才能得出正确结论。

3. 其他组织器官的变化

死于贫血的动物，由于红细胞及血红蛋白减少，故其血液稀薄，皮肤和黏膜苍白，组织、器官呈现其固有的色彩。长期贫血时，组织、器官因缺氧而发生变性，而血管的变性还可导致浆膜和黏膜出血。

（二）代谢变化

1. 血液性缺氧

在血液中氧主要是以氧合血红蛋白的形式存在，贫血时血液中红细胞数及血红蛋白浓度降低，血液携氧能力降低，引起血液性缺氧。贫血时，需氧量较高的组织（如心脏、中枢神经系统和骨骼肌等）受到的影响较明显。

2. 胆红素代谢

出现溶血性贫血时，单核巨噬细胞系统非酯型胆红素产量增多，一旦超过肝脏形成酯型胆红素的代偿能力，可形成非酯型胆红素升高为主的溶血性黄疸。

（三）机能变化

贫血时所引起的各系统机能变化，视贫血的原因、程度、持续的时间以及机体的适应能力等因素而定。

1. 循环系统

贫血时由于红细胞和（或）血红蛋白减少，导致机体缺氧与物质代谢障碍。在早期可出现代偿性心跳加强加快，以增加每分钟内的心输出量。因血流加速，通过单位时间的供氧增多，就能代偿红细胞减少所造成的缺氧，但到后期由于心脏负荷加重，心肌缺氧而致心肌营养不良，则可诱发心脏肌原性扩张和相对性瓣膜闭锁不全，而导致血液循环障碍。

2. 呼吸系统

贫血时由于缺氧和氧化不全的酸性代谢产物蓄积，刺激呼吸中枢使呼吸加快，患畜轻度运动后，便发生呼吸急促；同时组织呼吸酶的活性增强，从而增加了组织对氧的摄取能力。

3. 消化系统

动物表现食欲减退，胃肠分泌与运动机能减弱，消化吸收发生障碍，故临诊上往往呈现消瘦、消化不良、便秘或腹泻等症状。这些变化反过来又可加重贫血的发展。

4. 神经系统

贫血时，中枢神经系统的兴奋性降低，以减少脑组织对能量的消耗，增高对缺氧的耐受力，因此具有保护性意义。严重贫血或贫血时间较长时，由于脑的能量供给减少，神经系统机能减弱，对各系统机能的调节能力降低，患病动物表现精神沉郁，生产性能下降，抵抗力减弱，重者昏迷。

5. 骨髓造血机能

贫血时，由于缺氧可促使肾脏产生促红细胞生成素，致使骨髓造血机能增强。但应注意再生障碍性贫血除外。

五、水肿

过多的液体在组织间隙或体腔中积聚称为水肿。细胞内液增多也称为"细胞水肿",但水肿通常是指组织间液的过量而言。水肿不是一种单独的疾病,而是多种疾病的一种共同病理过程。液体积聚于体腔内,一般称为积水,如心包积水、胸膜腔积水(胸水)和腹腔积水(腹水)等。

根据水肿发生的部位可分全身水肿和局部水肿两种。前者分布于全身,如心性水肿、肾性水肿、肝性水肿和营养不良性水肿等;后者发生于局部,如皮下水肿、脑水肿、肺水肿、淋巴水肿、炎性水肿和血管神经性水肿等。

根据水肿的外观是否明显可分隐性水肿和显性水肿。隐性水肿的特点是外观无明显的临床表现,只是体重有所增加;显性水肿的特点是局部肿胀,皮肤紧张度增加,按之呈凹陷,稍后可复原(亦称"凹陷性水肿")。

水肿液主要是指组织间隙中能自由移动的水,它不包括组织间隙中被高分子物质(如透明质酸、胶原及黏多糖等)吸附的水。

水肿液的成分除含有蛋白质外,其余与血浆相同。水肿液的蛋白质含量主要取决于毛细血管壁的通透性,此外还与淋巴的引流有关。血管壁通透性增高所致的水肿,它的蛋白质含量比其他原因引起的水肿液为高。水肿液的比重取决于蛋白质的含量。通常把比重低于 1.012 的水肿液称为"漏出液",而高于 1.012 的水肿液称为"渗出液",但因淋巴回流受阻所致的水肿液,其蛋白质含量也较高。

家畜的水肿多发生于组织疏松部位和体位较低的部位(重力的影响),如垂肉、下颌间隙、颈下、胸下、腹下和阴囊等部位。水肿的表现如下。

(一)皮下水肿

皮下水肿是全身或躯体局部水肿的重要体征。皮下组织结构疏松,是水肿液容易聚集之处。当皮下组织有过多体液积聚时,皮肤肿胀、皱纹变浅、平滑而松软。如果手指按压后留下凹陷，表明有显性水肿。实际上，在显性水肿出现之前，组织液就已增多，但不易觉察，称为隐性水肿。这主要是因为分布在组织间隙中的胶体网状物对液体有强大的吸附能力和膨胀性。只有当液体的积聚超过胶体网状物的吸附能力时，才形成游离水肿液。当液体积聚到一定量时，用手指按压时游离的液体向周围散开，形成凹陷，数秒后凹陷自然平复。

（二）全身性水肿

全身性水肿由于发病原因和发病机制的不同，其水肿液分布的部位、出现的早晚、显露的程度也各有特点，如肾性水肿首先出现在面部，尤其以眼睑最为明显；由心衰竭所致全身性水肿，则首先发生于四肢的下部；肝性水肿则以腹水最为显著。这些分布特点与下列因素有关。

1. 组织结构特点

组织结构的致密度和伸展性，影响水肿液的积聚和水肿出现的早晚。例如，眼睑皮下组织较为疏松，皮肤伸展性大，容易容纳水肿液，出现较早；而组织致密度大、伸展性小的手指和足趾掌侧不易容纳水肿液，故水肿也不易显露和被发现。

2. 重力效应

毛细血管流体静压受重力影响，距心脏水平面向下垂直距离越远的部位，外周静脉压和毛细血管流体静压越高。因此，右心衰竭时体静脉回流障碍，首先表现为下垂部位的静脉压升高与水肿。

3. 局部血液动力因素

当某一特定的原因造成某一局部或器官的毛细血管流体静压明显升高，超过了重力效应的作用，水肿液即可在该部位或器官积聚，水肿可比低垂部位出现更早且显著，如肝性腹水的形成就是这个原因。

六、萎缩

萎缩是指已经发育成熟的组织、器官，其体积缩小及功能减退的过程。萎缩发生的基础是组成该器官的实质细胞体积变小或数量减少。

萎缩有生理性萎缩和病理性萎缩之分。生理性萎缩是指动物随着年龄的增长，某些组织或器官的生理功能自然减退和代谢过程逐渐降低而发生的一种萎缩，也称为退化。例如：动物的胸腺、乳腺、卵巢、睾丸以及禽类的法氏囊等器官，当动物生长到一定年龄后，即开始发生萎缩，因与年龄增长有关，故又称为年龄性萎缩。而病理性萎缩是指组织或器官在致病因素的作用下所发生的萎缩。它与机体的年龄、生理代谢无直接关系。临诊上，根据原因和萎缩波及的范围，病理性萎缩可分为全身性萎缩和局部性萎缩两种。

（一）全身性萎缩

是在某些致病因素作用下，机体发生全身性物质代谢障碍所致。见于长期营养不良、维生素缺乏和某些慢性消化道疾病所致营养物质吸收障碍（营养不良性萎缩）、长期饲料不足（不全饥饿）和消化道梗阻（饥饿性萎缩）、严重的消耗性疾病（如恶性肿瘤、鼻疽、结核、伪结核、寄生虫病及造血器官疾病等）。

全身性萎缩时，不同的器官组织其萎缩发生的先后顺序及其程度是不同的。脂肪组织的萎缩发生最早、最明显，其次是肌肉、脾脏、肝脏和肾脏等器官，心肌和脑的萎缩发生最晚。由此可见，萎缩发生的顺序具有一定的代偿适应意义。

眼观，皮下、腹膜下、网膜和肠系膜等处的脂肪完全消失，心脏冠状沟和肾脏周围的脂肪组织变成灰白色或淡灰色透明胶冻样，因此又称为脂肪胶样萎缩。实质器官（如肝脏、脾脏、肾脏等）体积缩小，重量减轻，颜色变深，质地坚实，被膜增厚、皱缩。除压迫性萎缩形态发生改变外，萎缩的器官组织仍保持其固有形态，仅见体积成比例缩小。胃肠等管腔器官发生萎缩时向外扩张，内腔扩大，壁变薄甚至呈半透明状，易撕裂。镜下，萎缩器官的实质细胞体积缩小、数量减少，胞浆致密浓染，胞核皱缩深染，间质常见结缔组织增生。在心肌纤维、肝细胞胞浆内常出现脂褐素，量多时器官呈褐色，称褐色萎缩。

（二）局部性萎缩

是指在某些局部性因素影响下发生的局部组织和器官的萎缩，常见的有以下 3 种类型。

1. 失用性萎缩

是由于器官发生功能障碍，而长期停止活动所致，如某肢体因骨折或关节性疾病长期不能活动或限制活动，其结果引起相关肌肉和关节软骨发生萎缩。在器官功能减退的情况下，相应器官的神经感受器得不到应有的刺激，向心冲动减弱或中止，离心性营养性冲动也随之减弱。这样导致局部血液供应不足和物质代谢降低，尤其是合成代谢降低，引起营养障碍而发生萎缩。

2. 压迫性萎缩

是由于器官或组织受到缓慢的机械性压迫而引起的萎缩，比较常见。其发生机制一方面是由于外力压迫对组织的直接作用，另一方面受压迫的组织器官由于血液循环障碍，局部组织营养供应不足，导致组织的功能代谢障碍，也是引起局部组织萎缩的重要原因。压迫性萎缩常见于输尿管阻塞造成排尿困难时，肾盂和肾盏积水扩张进而压迫肾实质引起萎缩；肝瘀血时，由于肝窦扩张压迫周围肝细胞索，可造成肝细胞萎缩；受肿瘤、寄生虫包囊（如囊尾蚴、棘球蚴等）等压迫的器官和组织也可发生萎缩。

3. 神经性萎缩

中枢或外周神经发炎或受损伤时，功能发生障碍，受其支配的器官或组织因神经营养调节丧失而发生的萎缩。例如：鸡的马立克病，当肿瘤侵害坐骨神经和臂神经时，可以引起相应部位的肢体瘫痪和肌肉萎缩。

局部性萎缩的病理变化与全身性萎缩时的相应器官或组织的病理变化相同（除压迫性萎缩外）。萎缩是可复性的过程，程度不严重时，病因消除后，萎缩的器官、组织或细胞仍可逐渐恢复原状。但若病因不能及时消除，病变继续进展，则萎缩的细胞最终可能消失。

萎缩对机体的影响随萎缩发生的部位、范围及严重程度不同而异。

从萎缩的本质来看，它是机体对环境条件改变的一种适应性反应。当由于工作负担减轻、营养不足或缺乏正常刺激时，细胞的体积缩小或数量减少，物质代谢降低，这有利于在不良环境条件下维持其生命活动。这是萎缩积极的一面。另一方面，由于组织细胞萎缩变小，机能活动降低，可对机体产生不利的影响，全身性萎缩时各组织器官的机能均下降。严重时，免疫系统也同时萎缩，机体长期处于免疫抑制状态而对病原抵抗力下降甚至丧失，如果得不到及时纠正，将随着病程的发展而不断恶化，导致机体衰竭，最后常因并发其他疾病而死亡。

局部性萎缩，如果程度较轻微，一般可由周围健康组织的机能代偿，因而不会产生明显的影响。但若萎缩发生在生命重要器官或萎缩程度严重时，可引起严重的机能障碍。

七、坏死

坏死是指活体内局部组织、细胞的病理性死亡。坏死组织、细胞的物质代谢停止，功能丧失，出现一系列形态学改变，是一种不可逆的病理变化。坏死除少数是由强烈致病因子（如强酸、强碱）作用而造成组织的立即死亡之外，大多数坏死由轻度变性逐渐发展而来，是一个由量变到质变的渐进过程，故称为渐进性坏死。这就决定了变性与坏死的不可分割性，在病理组织检查时，往往发现两者同时存在。在渐进性坏死期间，只要坏死尚未发生而病因被消除，则组织、细胞的损伤仍可能恢复（可复性损伤）。一旦组织、细胞的损伤严重，代谢停止，出现坏死的形态学特征时，则损伤不可能恢复（不可复性损伤）。

根据坏死组织的病变特点和机制，坏死可分为以下三种类型。

（一）凝固性坏死

坏死组织由于水分减少和蛋白质凝固而变成灰白或黄白、干燥无光泽的凝固状，称为凝固性坏死。眼观，凝固性坏死组织肿胀，质地坚实干燥而无光泽，坏死区界限清晰，呈灰白或黄白色，周围常有暗红色的充血和出血。镜下，坏死组织仍保持原来的结构轮廓，但实质细胞的精细结构已消失，胞核完全崩解消失，或有部分核碎片残留，胞浆崩解融合为一片淡红色均质无结构的颗粒状物质。凝固性坏死常见有以下三种形式。

1. 贫血性梗死

常见于肾脏、心脏、脾脏等器官，坏死区灰白色、干燥、早期肿胀、稍突出于脏器的表面，切面坏死区呈楔形，周界清楚。

2. 干酪样坏死

见于结核杆菌和鼻疽杆菌等引起的感染性炎症。干酪样坏死灶局部除了凝固的蛋白质外，还含有大量的由结核杆菌产生的脂类物质，使坏死灶外观呈灰白色或黄白色，松软无结构，似干酪（奶酪）样或豆腐渣样，故称为干酪样坏死。镜下，坏死组织的固有结构完全被破坏而消失，融合成均质、红染的无定形结构，病程较长时，坏死灶内可见有蓝染的颗粒状的钙盐沉着。

3. 蜡样坏死

指发生于肌肉组织的凝固性坏死。见于动物的白肌病等，眼观肌肉肿胀，浑浊、无光泽，干燥坚实，呈灰红或灰白色，如蜡样，故名蜡样坏死。

（二）液化性坏死

指坏死组织因蛋白水解酶的作用而分解变为液态，常见于富含水分和脂质的组织（如脑组织）或蛋白分解酶丰富（如胰腺）的组织。脑组织中蛋白含量较少，水分与磷脂类物质含量多，而磷脂对凝固酶有一定的抑制作用，所以脑组织坏死后会很快液化，呈半流体状，故称脑软化。在脑组织，严重的、大的液化性坏死灶肉眼可见呈空洞状，而轻度的小的液化性坏死灶只有在显微镜下才能看到。镜下，可见发生于脑灰质的液化性坏死灶局部神经细胞、胶质细胞和神经纤维消失，只见少量核碎屑，呈微细网孔或筛网状结构。发生于脑白质的液化性坏死灶可见神经纤维脱髓鞘。例如：马霉玉米中毒引起的大脑软化、鸡硒－维生素 E 缺乏时引起的小脑软化均属于液化性坏死。在化脓性炎灶或脓肿局部，由于大量中性粒细胞的渗出、崩解，释放出大量蛋白质水解酶，使坏死组织溶解液化。胰腺坏死则由于大量胰蛋白酶的释出，溶解坏死

胰组织而形成液化性坏死。

（三）坏疽

指组织坏死后继发有腐败菌感染和外界因素的影响而发生的一类变化。由于血红蛋白分解产生的铁与组织蛋白分解产生的硫化氢结合成硫化铁，使坏死组织呈黑色。坏疽可分为以下三种类型。

1. 干性坏疽

常见于缺血性坏死、冻伤等，多继发于肢体、耳壳、尾尖等水分容易蒸发的体表部位。坏疽组织干燥、皱缩、质硬、呈灰黑色，腐败菌感染一般较轻，坏疽区与周围健康组织间有一条较为明显的炎性反应带，所以边界清楚。最后坏疽部分可完全从正常组织分离脱落。例如：慢性猪丹毒，颈部、背部直至尾根部常发生的皮肤坏死；牛慢性锥虫病的耳、尾、四肢下部和球节的皮肤坏死；皮肤冻伤形成的坏死，都是典型的干性坏疽。

2. 湿性坏疽

多发生于与外界相通的内脏（肠、子宫、肺脏等），也可见于动脉受阻同时伴有瘀血水肿的体表组织。由于坏死组织含水分较多，故腐败菌感染严重，使局部肿胀，呈黑色或暗绿色。由于病变发展较快，炎症比较弥漫，故坏死组织与健康组织间无明显的分界线，如牛、马的肠变位，马的异物性肺炎及母牛产后坏疽性子宫内膜炎等。坏死组织经腐败分解可产生吲哚、粪臭素等，故有恶臭。同时组织坏死腐败所产生的毒性产物及细菌毒素被吸收后，可引起全身中毒症状（毒血症），威胁生命。

3. 气性坏疽

常发生于深在的开放性创伤（如阉割、战伤等）合并产气荚膜杆菌等厌氧菌感染时，细菌分解坏死组织时产生大量气体（H_2S、CO_2、N_2），使坏死组织内含气泡呈蜂窝样和污秽的棕黑色，用手按之有"捻发"音，如牛气肿疽时常见身体后部的骨骼肌发生气性坏疽。由于气性坏疽病变可迅速向周围和深部组织发展，产生大量有毒分解产物，可致机体迅速自体中毒而死亡。

第四节　猪病的病理学检查技术

一、猪尸体剖检技术

置死猪成背卧位，先切断肩胛骨内侧和髋关节周围的肌肉，使四肢摊开，然后沿腹壁中线进刀，向前切至下颌骨，向后到肛门，掀开皮肤，再切开剑状软骨至肛门之间的腹壁，沿左右最后肋骨切腹壁至脊柱部，这样使腹腔脏器全部暴露。此时检查腹腔脏器的位置是否正常，有无异物和寄生虫，腹膜有无粘连，腹水的容量和颜色是否正常。然后由膈处切断食管，由骨盆腔切断直肠，按肝、脾、肾、胃、肠的次序分别取出检查。胸腔脏器的取出和检查：沿脊肋部切去膈膜，先用刀或骨剪切断肋软骨和胸骨连接部，再把刀伸入胸腔，划断脊柱两侧肋骨和胸椎连接部的胸膜和肌肉，然后用两手按压两侧的胸壁肋骨，则肋骨和胸椎连接处的关节自行折裂而使胸腔敞开。首先检查胸腔液的量和性状，胸膜的色泽和光滑度，有无出血、炎症或粘连，而后摘取心、肺等进行检查。

二、解剖病理学观察

尸体解剖和病理检验一般同时进行，一边解剖一边检验，以便观察到新鲜的病理变化。对实质脏器如肝、脾、肾、心、肺、胰、淋巴结等的检验，应先观察器官的大小、颜色、光滑度及硬度，有无肿胀、结节、坏死、变性、出血、充血、瘀血等，然后切成数段，观察切面的病理变化。胃肠一般放在最后检验，先看浆膜的变化，然后剪开胃和肠管，观察胃肠黏膜的病变及胃肠内容物的变化。气管、膀胱、胆囊的检查方法与胃肠相同。脑和骨只在必要时进行检验。在肉眼观察的同时，应采取小块病变组织（2~3 立方厘米）放入盛有 10% 福尔马林液的广口瓶固定，以便进行病理组织学检查。

三、组织病理学观察

有些疾病除了通过病理剖检眼观特征性病理变化外，还需做组织病理学检查以进一步对病性进行确定。组织病理学技术广泛应用于动物和人类疾病的研究与诊断。它是在眼观检查的基础之上，采取病变组织，制作石蜡切片或冰冻切片，之后通过不同方法染色，然后在光学显微镜下观察病变组织的微观变化，以此作出组织病理学诊断或从微观水平认识疾病的本质。最常用的染色方法是苏木素—伊红（HE）染色。有时也根据需要可以做特殊染色，来了解一些细胞、病理产物和化学成分等的情况。

（一）细胞损伤常见的超微结构变化

细胞损伤的超微结构变化主要包括：细胞膜、膜特化结构（细胞外衣、纤毛、微绒毛细胞间连接）、线粒体、内质网、高尔基复合体、溶酶体和细胞质包含物以及细胞核的形态和数目的变化。

（二）变性

变性是指细胞或间质内出现异常物质或正常物质的数量显著增多，并伴有不同程度的功能障碍。有时细胞内某种物质的增多属生理性适应的表现而非病理性改变，对这两种情况，应注意区别。变性可分为细胞变性和细胞间质的变性，常见的细胞变性有细胞肿胀、脂肪变性及玻璃样变性等；细胞间质的变性有黏液样变性、玻璃样变性、淀粉样变性等。一般而言，细胞内变性是可复性改变，当病因消除后，变性细胞的结构和功能仍可恢复；而细胞间质变性往往是不可复性变化，严重时发展为坏死。

（三）坏死（参见第二节 七）

细胞坏死的主要标志是细胞核的变化，可表现为核浓缩、核碎裂、核溶解。

一般来说，细胞坏死时，胞浆首先发生变化，胞浆内的蛋白质发生凝固或崩解，呈颗粒状。最后，细胞膜破裂，整个细胞轮廓消失。细胞完全坏死后，胞浆、胞核全部崩解，组织结构完全消失，镜下形成一片模糊的、颗粒状的、无结构的红染物质。

（四）病理性物质沉着

病理性物质沉着包括糖原沉着、免疫复合物沉着、病理性钙化、尿酸盐沉着和病理性色素沉着。

第五节　猪病的实验室诊断方法

一、病料的采集、保存和送检

病料送检方法应依传染病的种类和送检目的的不同而有所区别。

（一）病料采取

合理取材是实验室检查能否成功的重要条件之一。第一，怀疑某种传染病时，则采取该病常侵害的部位。第二，找不出怀疑对象时，则采取全身各器官组织。第三，败血性传染病，如猪瘟、猪丹毒等，应采取心、肝、脾、肺、肾、淋巴结及胃肠等组织。第四，专嗜性传染病或以侵害某种器官为主的传染病，则采取该病侵害的主要器官组织，如狂犬病采取脑和脊髓，猪气喘病采取肺的病变部，呈现流产的传染病则采取胎儿和胎衣。第五，检查血清抗体时，则采取血液，待凝固析出血清后，分离血清，装入灭菌小瓶送检。

（二）病料保存

欲使实验室检查得出正确结果，除病料采取要适当外，还需使病料保持新鲜或接近新鲜的状态。如病料不能立即进行检验，或须寄送到外地检验时，应加入适量的保存剂。

1. 细菌检验材料的保存

将采取的组织块，保存于饱和盐水或 30% 甘油缓冲液中，容器加塞封固。饱和盐水的配制：蒸馏水 100 毫升，加入氯化钠 38~39 克，充分搅拌溶解后，用数层纱布滤过，高压灭菌后备用。30% 甘油缓冲溶液的配制：纯净甘油 30 毫升，氯化钠 500 毫克，碱性磷酸钠（磷酸氢二钠）1 000 毫克，蒸馏水加至 100 毫升，混合后高压灭菌备用。

2. 病毒检验材料的保存

将采取的组织块保存于 50% 甘油生理盐水或鸡蛋生理盐水中，容器加塞固定。

50% 甘油生理盐水的配制：氯化钠 8.5 克，蒸馏水 500 毫升，中性甘油 500 毫升，混合后分装，高压灭菌备用。

鸡蛋生理盐水的配制：先将新鲜鸡蛋的表面用碘酊消毒，然后打开，将内容物倾入灭菌的容器内，按全蛋 9 份加入灭菌生理盐水 1 份，摇匀后用纱布滤过，然后加热至 56~58℃持续 30 分钟，第 2 日和第 3 日各按上法加热 1 次，冷却后即可使用。

3. 病理组织学检验材料的保存

将采取的组织块放入 10% 的福尔马林溶液或 95% 酒精中固定，固定液的用量须为标本体积的 5~6 倍以上，如用 10% 福尔马林固定，应在 24 小时后换新鲜溶液 1 次。严寒季节为防组织块冻结，在送检时可将上述固定好的组织块取出，保存于甘油和 10% 福尔马林等量混合液中。

（三）病料送检

1. 病料的记录和送检单

病料应在容器上编号，并详细记录，附有送检单。

2. 病料包装

要安全稳妥。对于危险材料、怕热或怕冻的材料，应分别采取措施。一般说来，微生物学检验材料都怕受热。病理检验材料都怕冻。

3. 病料运送

病料装箱后，应尽快送到检验单位，短途可派专人送去，远途可以空运。

4. 注意事项

① 采取病料要及时，应在死后立即进行，最好不超过 6 小时。如拖延过久（特别是夏天），组织变性和腐败，不仅有碍于病原微生物的检出，也影响病理组织学检验的正确性。

② 应选择症状和病变典型的病例，最好能同时选择几种不同病程的病料。

③ 取材动物应是未经抗菌或杀虫药物治疗的，否则会影响微生物和寄生虫的检出结果。

④ 剖检取材之前，应先对病情、病史加以了解和记录，并详细进行剖检前的检查。

⑤ 除病理组织学检验材料及胃肠等以外，其他病料均应以无菌操作采取。为了减少污染机会，一般先采取微生物学检验材料，然后再结合病理剖检，采取病理检验材料。

二、细菌的分离、培养和鉴定

猪病细菌性病原体检查包括细菌的分离培养、染色镜检和生化试验。

（一）细菌的分离培养

一般分离接种培养方法

1. 平皿划线分离培养法（图 2-3）

① 用左手持平皿培养基，以食指为支点，并用拇指和无名指将平皿盖推开一空隙（不要开得过大，以免空气进入而污染培养基）。

② 右手以执笔式持接种环，经酒精灯火焰灭菌，待冷却后，取被检材料，迅速将取有材料的接种环伸入平皿中，在培养基边缘轻轻涂布一下，然后将接种环上的剩余材料在火焰上烧去，再伸入接种环，与培养基约呈 40°角，自涂布材料处开始，在培养基表面来回移动作曲线形划线接种。

③ 划线是以腕力使接种环在表面划动，尽量不要划破培养基。

④ 划线中不宜过多地重复旧线，以免形成菌苔。一般每次划线只能与上一次划线重叠，而且每次划线时可将接种环火焰灼烧灭菌后从上一次划线引出下一次划线，这样易获得单个菌落。

⑤ 划线完毕，接种环经火焰灭菌后放好；在平皿底用记号笔作记号和日期，将平皿倒置于37℃温箱培养，一般24小时后观察结果。

图 2-3　细菌培养

2. 琼脂斜面划线分离培养法

左手持斜面培养基试管，右手执接种环，在酒精灯火焰上灼烧灭菌，随即以右手无名指和小指拔去并夹持斜面试管棉塞或试管盖，将试管口在火焰上灭菌，以接种环蘸取被检材料，迅速伸进试管底部与冷凝水混合，并在培养基斜面上划曲线。划毕，塞好棉塞或盖好盖，接种环经火焰灭菌。将斜面培养基置37℃温箱中培养24小时观察结果。

3. 加热分离培养法

此法专用来分离有芽孢或较耐热的细菌，其方法是先将要分离的材料接种于一管液体培养基中，然后将该液体培养基置于水浴锅中，加热到80℃，维持20分钟，再进行培养，材料中若带有芽孢的细菌或其他耐热的细菌，仍可存活，而这种细菌的繁殖体则被杀灭，若材料中含有两种以上有芽孢或耐热的细菌时，只用此法得不到纯培养，仍须结合琼脂平板划线分离培养法。

4. 穿刺接种法

此法用于明胶、半固体、双糖等培养基。用接种针取菌落，由中央直刺培养基深处（稍离试管底部），然后将接种针拔出，在火焰上灭菌，培养基置 37℃温箱中培养。

5. 厌氧培养法

培养厌氧菌，需将培养环境或培养基中的氧气除去，常用的方法有生物学、化学及物理学三类。

（1）生物学方法　利用生物组织或需氧菌的呼吸作用消耗掉培养环境中的氧气以造成厌氧环境。常用的方法有：

① 在培养基中加入生物组织。培养基中含有动物组织（新鲜无菌的小片组织或加热杀菌的肌肉、心、脑等）或植物组织（如马铃薯、燕麦、发芽谷物等），由于新鲜组织的呼吸作用及加热处理过程中的可氧化物质的氧化，可消耗掉培养基中的氧气。

② 共生法。将培养材料置密闭的容器中，在培养厌氧菌的同时，接种一些需氧菌（枯草杆菌）或让植物种子（如燕麦）发芽，利用它们将氧气耗掉，造成厌氧环境。

（2）化学方法　利用化学反应将环境或培养基内的氧气吸收造成厌氧环境。常用的方法如下。

① 焦性没食子酸平皿法。将被检材料接种在两只鲜血琼脂平板中，其中一只放在 37℃普通环境下培养，作为对照。称取焦性没食子酸 1克，放在翻转的平皿盖的中央，覆一小块脱脂棉（压平，使扣上鲜血平板后，培养基不会接触棉花），迅速在脱脂棉上滴加 10% 氢氧化钠溶液 1 毫升，将已接种好的鲜血琼脂平板（去盖）覆盖在此翻转的盖上，周围用蜡封固。37℃温箱中培养 2~4 天观察。

② 焦性没食子酸试管法。取一大试管，在管底放一弹簧或适量玻璃珠，再加入焦性没食子酸 1 克，将已接种厌氧菌的小试管放入大试管中，沿大试管壁加入 10% 氢氧化钠液 1~2 毫升，迅速用橡胶皮塞塞住管口，周围用蜡密封，密置 37℃培养 2~4 天。

③ 硫乙醇酸钠培养基法。将待检菌接种于硫乙醇酸钠培养基。如

为专性厌氧菌，经培养后，底部混浊或有灰白色颗粒。如为专性需氧菌则上部混浊。如为兼性菌则全部混浊。

（3）物理学方法　利用加热、密封、抽气等物理学方法驱除或隔绝环境中或培养基中的氧气，以形成厌氧状态，有利于厌氧菌的生长。常用的方法有：

① 高层琼脂柱摇震培养法。加热融化高层琼脂，待冷却到45~50℃接种厌氧菌，迅速振荡混合均匀。凝固后置37℃培养，厌氧菌在近管底处生长。

② 真空干燥器培养法。将已接种厌氧菌的培养平皿或试管放真空干燥器内，密封，用抽气机抽掉空气。代之以氢、氮或一氧化碳气体，然后将干燥器放培养箱内培养。

6. 二氧化碳培养法

（1）烛缸法　取标本缸或玻璃干燥器一个，将已接种细菌的平皿或试管放在烛缸内。同时放入一小段点燃的蜡烛，缸上加盖封好，置37℃温箱培养即可。缸内蜡烛一般于1分钟左右熄灭，消耗缸内的氧气，使二氧化碳的量为3%~5%。注意蜡烛火焰不要太靠近缸壁和缸盖，以免玻璃被烧裂。

（2）化学法　将已接种细菌的培养基放在一个玻璃缸内，同时放一个盛有粗硫酸的小烧杯，迅速于杯中投入碳酸氢钠（每1 000毫升容积用1 : 10粗硫酸10毫升及碳酸氢钠0.4克），起反应后即产生一氧化碳（约10%）。加好试剂后立即密闭缸盖，置37℃环境培养。

为测定缸内二氧化碳浓度，可放入一支小试管，内盛0.15毫升碳酸钠溶液（每100毫升碳酸钠溶液中加有0.5%溴麝香草酚蓝2毫升）。在不同浓度二氧化碳环境下，指示剂呈不同颜色，呈色反应约需1个小时。0%二氧化碳呈蓝色；5%二氧化碳呈蓝绿色；10%二氧化碳呈绿色；15%二氧化碳呈绿黄色；20%二氧化碳呈黄色。

（二）染色镜检和生化试验

分离培养出的细菌可以通过染色镜检和生化试验进一步鉴定。常用的染色方法是革兰氏染色法，通过初染、媒染、脱色、复染、干燥和镜检步骤确定细菌的形态结构。革兰氏阳性细菌呈蓝紫色，革兰氏阴性细菌呈红色。不同微生物在代谢类型上表现出很大的差异，如表现在对大分子糖类和蛋白质的分解能力以及分解代谢的最终产物的不同，反映出各菌属间具有不同的酶系和生理特性，这些特性可被用作为细菌鉴定和分类的依据。常用的生化试验包括，碳水化合物代谢试验、蛋白质、氨基酸和含氮化合物试验、碳源与氮源利用试验和酶类试验等（图2-4，图2-5）。

图2-4　染色　　　　　　　　　　图2-5　镜检

三、药物敏感试验

抗菌药物在猪病防治上已得到了广泛的使用，但是对某种抗菌药物长期或不合理地使用，可引起这些细菌产生耐药性。如果盲目地滥用抗菌药物，不仅造成药的浪费，同时，也贻误了治疗时机。药物敏感试验是一项药物体外抗菌作用的测定技术，通过本试验，可选用最敏感的药物进行临诊治疗，同时也可根据这一原理，测定抗菌药物的质量，以防伪劣假冒产品和过期失效药物进入猪场。常用的药敏试验方法有纸片法、试管法、琼脂扩散法3种，现分别介绍如下。

（一）纸片法

各种抗菌药物的纸片，市场有售，是一种直径6毫米的圆形小纸片，要注意密封保存，藏于阴暗干燥处，切勿受潮。注意有效期，一般不超过6个月。

1.试验材料

经分离和鉴定后的纯培养菌株（例如大肠杆菌、链球菌等）、营养肉汤、琼脂平皿、棉拭子、镊子、酒精灯、药敏纸片若干。

2.试验步骤

① 将测定菌株接种到营养肉汤中，置37℃条件下培养12小时，取出备用。

② 用无菌棉拭子蘸取上述菌液，均匀涂于琼脂平皿上。

③ 待培养基表面稍干后，用无菌小镊子分别取所需的药敏纸片均匀地贴在培养基的表面，轻轻压平，各纸片间应有一定的距离，并分别作上标记。

④ 将培养皿置37℃温箱内培养12~18小时后，测量各种药敏纸片抑菌圈直径的大小，以毫米表示（图2-6）。

图2-6 平板药敏试验

（二）试管法

本法较纸片法复杂，但结果较准确、可靠。此法不仅能用于各种抗菌药物对细菌的敏感性测定，也可用于定量检查。

1.试验方法

取试管10支，排放在试管架上，于第1管中加入肉汤1.9毫升，其余各管均各加1毫升。吸取配好的抗菌药物0.1毫升，加入第1管，混合后吸取1毫升放入第2管，混合后再由第2管移1毫升到第3管，如此倍比稀释到第9管，从中吸取1毫升弃掉，第10管不加药物作为对照。然后，各管加入幼龄试验菌0.05毫升（培养18小时的菌液，1∶1 000稀释），置37℃温箱内培养18~24小时观察结果。必要时也可对每管取0.2毫升分别接种于培养基上，经12小时培养后计数菌落（图2-7）。

图2-7　试管药敏试验

2. 结果判定

培养18个小时后，凡无菌生长的药物最高稀释管，即为该菌对药物的敏感度。若药物本身混浊而肉眼不易观察的，可将各稀释度的细菌涂片镜检，或计数培养皿上的菌落。

（三）琼脂扩散法

本法是利用药物可以在琼脂培养基中扩散的原理，进行抗菌试验，其目的是测定药物的质量，初步判断药物抗菌作用的强弱，用于定性，方法较简便。

1. 试验材料

被测定的抗菌药物（例如，青霉素，选择不同厂家生产的几个品种，以作比较）、试验用的菌株（如链球菌）、营养肉场、营养琼脂平皿、棉拭子、微量吸管等。

2. 试验步骤

① 将试验细菌接种到营养肉汤中，置 37℃温箱培养 12 小时，取出备用。

② 用无菌棉拭子蘸取上述菌液均匀涂于营养琼脂平皿上。

③ 用各种方法将等量的被测药液（如同样的稀释度和数量），置于含菌的平板上，培养后，根据抑菌圈的大小，初步判定该药物抑菌作用的强弱。药物放置的方法有多种：第一，直接将药液滴在平板上；第二，用滤纸片蘸药液置于含菌的平板上；第三，在平板上打孔（用琼脂沉淀试验的打孔器），然后将药液滴入孔内；第四，先在无菌平板上划出一道沟，在沟内加入被检的药液，沟上方划线接种试验菌株。以上药物放置方法可根据具体条件选择使用。

四、用于抗原检测的聚合酶链反应（PCR）

传统的动物疫病诊断方法有临床学诊断、生物学诊断、形态学诊断和免疫学诊断。随着分子生物学知识的不断积累，可能采用各种分子生物学技术直接探查病原体基因的存在和变异，从而对生物体的状态和疫病作出诊断，这就是基因诊断。在多种多样的基因诊断技术中，PCR因其巧妙的原理和与众不同的特点，已成为基因诊断的首选技术。

PCR技术又称基因体外扩增技术。根据已知病原微生物特异性核酸序列（目前可以在因特网 GeneBank 中检索到很大一部分病原微生物特异性核酸序列），设计合成与其 5′端同源、3′端互补的 2 条引物，在反应管中加入待检的病原微生物核酸（称为模板 DNA）、引物 dNTP 和具有热稳定性的碱基 DNA 聚合酶。在适当条件（Mg^{2+},pH 等）下，置于自动化热循环仪（PCR仪）中，经过变性、复性、延伸三种反应温度，此为一个循环，每次扩增可进行 20~30 个循环。如果待检的病原微生物核酸与引物上的碱基匹配，合成的核酸产物就会以 $2n$（n 为循环次数）指数形式递增。产物经琼脂糖凝胶电泳，可见到预期大小的 DNA条带，根据电泳结果可作出确切诊断。PCR技术具有高度敏感性和特异性，只要知道病原微生物特异的核酸序列，就可用 PCR 方法检测。另外，PCR技术为检测那些生长条件苛刻、培养困难的病原体，为潜伏感染或病原核酸整合到感染动物体细胞基因组的病原体检疫，提供了极为有效的手段。PCR 技术与其他分子生物学诊断技术组合，形成了限制性片段长度多态性（PCR-RFLP）、反转录 PCR（RT-PCR）、单链构象多态性（PCR-SSCP）、随机扩增多态性 DNA（RAPD）等技术。

（一）限制性片段长度多态性

将 PCR 方法扩增的 DNA 片段，用限制性内切酶进行酶切后，经电泳比较酶切片段的方法。电泳后还可以利用 DNA 杂交技术进一步分析。

（二）反转录 PCR

利用反转录酶将 RNA 反转录成 cDNA 后，用常规的 PCR 方法扩增特异性片段。这种方法可扩增出 mRNA 或 RNA 病毒基因组中特异性片段。

（三）单链构象多态性

将双链 DNA 片段变性后成为单链时，单链 DNA 靠自身碱基序列形成立体结构。这种 DNA 在非变性聚丙烯酰胺凝胶中边加热边电泳时，根据其立体结构的差异，即使是长度相同但立体结构不同的 DNA 片段，其电泳位置也不同。

该方法可检出数百个碱基序列的 DNA 片段中只有一个碱基差异的不同 DNA 片段，故非常敏感。

（四）随机扩增多态性 DNA

这种方法是利用随机引物或病原体基因组中的重复序列或某生物种中常见基因的特异性引物进行 PCR，其结果扩增出不同长度的 DNA 片段，根据其片段长度鉴定病原体和血清型。

综上所述，传染病的每一种诊断方法都有其特定的作用和使用范围，单靠某一种方法不能把所有的传染病和带菌（毒）动物都检查出来，有些传染病应尽可能应用几种方法综合诊断。

随着 PCR 技术在动物疫病诊断上的快速发展，衍生出了诸如 RT-

PCR 技术、半套式 PCR 技术、二温式多重 PCR 技术、三温式多重 PCR 技术、复合 PCR 技术等；并将之充分运用到动物疾病诊断，传染病流行病学调查，外来疫情监测和免疫后强毒株检测等方面，为控制动物疫病的发生和传播起到了不可磨灭的作用。

五、猪的血液常规检查法

畜禽发生疾病可以引起血液固有成分的改变。因此，血液检验是了解机体的健康状态、判定疾病的性质、治疗效果和预后等不可缺少的检验项目。血液的检验包括血液物理性状的检验、血细胞计数和形态学检验，以及血红蛋白的测定。

（一）血液物理性状的检验

1. 红细胞沉降率的测定

血液加入抗凝剂后，一定时间内红细胞向下沉降的毫米数，叫做红细胞沉降速度，简称"血沉"或缩写为 ESR。红细胞沉降速度是一个比较复杂的物理化学和胶体化学的过程，其原理至今尚未完全阐明。一般认为与血中电荷的含量有关。正常时，红细胞表面带负电荷，血浆中的白蛋白也带负电荷，而血浆中的球蛋白、纤维蛋白原却带正电荷。畜禽体内发生异常变化时，血细胞的数量及血中的化学成分也会有所改变，直接影响正、负电荷相对的稳定性。假如正电荷增多，则负电荷相对减少，红细胞相互吸附，形成串钱状，由于物理性的重力加速，红细胞沉降的速度加快；反之，红细胞相互排斥，其沉降速度变慢。

2. 红细胞压积容量的测定

红细胞压积容量的测定，是指压紧的红细胞在全血中所占的百分率，是鉴别各种贫血的一项不可缺少的指标，兽医临床广为使用，简称"比容"，也称作"红细胞比积"、"红细胞压积"或缩写为 PCV。其原理为，血液中加入可以保持红细胞体积大小不变的抗凝剂，混合均匀，用特制吸管吸取抗凝全血，随即注入温氏测定管中，电动离心，使红细胞压缩到最小体积，然后读取红细胞在单位体积内所占百分比。

3. 红细胞渗透脆性的测定

红细胞在等渗的氯化钠溶液中，它的形态保持不变。红细胞在不同浓度的低渗氯化钠溶液中，水分进入红细胞，红细胞逐渐胀大以至破裂溶血。开始溶血（即部分红细胞破裂）为最小抵抗力；完全溶血（即全部红细胞破裂）为最大抵抗力。抵抗力小，表示渗透脆性高；抵抗力大，表示渗透脆性低。通过这个试验测定红细胞对于低渗溶液的抵抗能力。

（二）血细胞计数

1. 红细胞计数

目前多采用试管法，即把全血在试管内用稀释液（此液不能破坏白细胞，但对红细胞计数影响不大，因为在一般情况下，白细胞数仅为红细胞数的 $1/10^4$），稀释 200 倍，在血细胞计数板的计数室内数一定体积的红细胞数，然后再推算出 1 立方毫米血液内的红细胞数。

2. 白细胞计数

一定量的血液用冰醋酸溶液稀释后，可将红细胞破坏，然后在细胞计数板的计数室内计数一定容积的白细胞数，以此推算出每立方毫米血液内的白细胞数。此项检验需与白细胞分类计数相配合，才能正确分析与判断疾病。

3. 血小板计数

尿素能溶解红细胞及白细胞而保存完整形态的血小板，经稀释后在细胞计数室内直接计数，以求得每立方毫米血液内的血小板数。稀释液中的枸橼酸钠有抗凝作用，甲醛可固定血小板的形态。

4. 嗜酸性粒细胞计数

在血细胞计数板上，直接计数嗜酸性粒细胞的数目，换算成每立方毫米中的个数，即绝对值，此为直接计数法。稀释液中含有尿素，它能破坏红细胞和嗜酸性粒细胞以外的其他白细胞（偶尔也可有少数淋巴细胞存在，但不被着色），经伊红染色，嗜酸性颗粒被染成粉红色。

（三）血细胞形态学的检验

观察血细胞形态需要制作血液涂片，经染色后进行显微观察。

猪的血细胞形态特征是：红细胞平均直径为 6.2 微米，圆形可形成串钱状，有时呈现出中央淡染苍白。在三周龄的猪，一般能看到多染性红细胞及有核红细胞。

嗜中性白细胞成熟型的核分为数叶，核丝不明显，核染色质呈鲜明的斑点状构造。杆状核细胞的核呈"U"字形或"S"形，核膜平滑。在一日龄的健康仔猪血液中往往出现晚幼嗜中性白细胞，其细胞浆呈淡蓝色乃至蓝色。

嗜酸性粒细胞颗粒呈圆形或卵圆形，染成橙红色，均匀分布于细胞浆中。核为肾形、杆状或分叶。

嗜碱性粒细胞细胞核明显，呈淡紫色。嗜碱性颗粒为蓝紫色。

淋巴细胞分大、中、小淋巴细胞，在胞浆与核之间有一透明带，胞浆的边缘有小而细长的嗜天青颗粒。

单核细胞核边的边缘不整齐，核的染色质呈纽扣状。胞浆为灰蓝色，胞浆中的颗粒几乎看不到。

血小板呈小的卵圆形，有时也可见到细长的巨型血小板。

（四）血红蛋白的测定

1. 电子血球计数仪法

全血加入 BE941 型溶血剂，血红蛋白衍生物均能转化为稳定的棕红色氰化高铁血红蛋白，在电子球计数仪上，可以通过血红蛋白通道直接测定。

2. 氰化高铁血红蛋白（HiCN）分光光度计法

全血加 HiCN 试剂，除 HbS 及 HbC 外其他血红蛋白衍生物均能转化成稳定的棕红色氰化高铁血红蛋白。在分光光度计 540 纳米处比色测定，根据标准读数和标本读数计算其浓度。在有条件的单位，可根据其毫摩尔消化系数计算含量。

3. 碱羟高铁血红素（AHD-575）法

非离子化去垢剂碱性溶液（AHD 试剂）能使血红素、血红蛋白及其衍生物全部转化为一种稳定碱性羟高铁血红素，在 575 纳米有一特征性的吸收峰。

六、猪病常用的血清学诊断方法

血清学检查是检测猪病特异性抗体和抗原的常用方法，包括沉淀试验（含琼脂扩散试验）、凝集试验（含间接血凝试验等）、补体结合试验、中和试验、免疫荧光试验、放射免疫试验、酶联免疫吸附试验等。

七、猪的粪、尿常规检查法

（一）猪粪的常规检查

1. 动物粪便的显微镜检查

采集少许粪便，放在洁净的载玻片上，加少量生理盐水，用牙签混合并涂成薄层，无需加盖玻片，用低倍镜检视。遇到水样粪便时，因其含有大量的水分，检查前让其行沉淀或低速离心片刻，然后用吸管吸取沉渣，制片进行镜检。

对粪球表面或粪便中的肉眼可见的异常混合物，如血液、脓汁、脓块、肠道黏膜及伪膜等，应仔细地将其挑选出来，移到载玻片上，覆盖盖玻片，随后用低倍镜或高倍镜镜检。检查内容包括：① 寄生虫及虫卵。② 细菌。③ 血细胞、脓球。④ 上皮细胞。⑤ 脂肪颗粒及其他食物残渣。⑥ 伪膜。

2. 动物粪便的化学检验

包括酸碱度、潜血。

（二）尿常规检查法

尿液检验 尿液分析是一种相对简单、快速、经济的实验室检查，它可评估尿液和尿沉渣的物理和化学性质。尿液分析可为兽医提供泌尿系统、代谢和内分泌系统、电解质和水合状态方面的信息。

1. 尿液的一般性状检查

检查内容包括：① 尿量。② 尿色。③ 澄清度/透明度。④ 气味。⑤ 比重。

2. 尿液的显微镜检查

（1）尿液中有机沉渣的检查　包括红细胞、白细胞、上皮细胞、黏液和管型。

（2）尿液中无机沉渣的检查　包括磷酸铵镁结晶、无定形磷酸盐、碳酸钙结晶、无定形尿酸盐、尿酸铵结晶、草酸钙、磺胺类结晶和尿酸结晶。

3. 尿液的化学检验

检查内容包括：① pH 值。② 蛋白质。③ 葡萄糖。④ 酮体。⑤ 胆色素。⑥ 潜血。⑦ 亚硝酸盐。

第三章 猪病防制基础知识

第一节 猪病的分类

一、传染性疾病

猪传染病是一类由病原微生物引起的具有一定潜伏期和临床表现的传播性疾病，主要包括病毒病、细菌病、真菌病和寄生虫病等。一般来说，具有三个特点，第一，每一种传染病都是由特定的病原微生物引起，即一种疾病对应着特定一种病原微生物，该病原微生物也是该病的病因；第二，具有一定的潜伏期和临床表现：传染病发病具有明显的阶段性，在潜伏期无临床表现，而在前驱期、症状明显期和转归期都有临床表现；第三，具有传染性。即一个动物发病，会影响其他的动物发病。传染性疾病是养猪生产面临的主要威胁，一旦发生和流行，损失往往不可估量，所以做好传染性疾病的预防是猪场的核心工作之一，不可掉以轻心，目前传染性疾病防控最基础最核心的方法就是做好免疫接种工作。

二、非传染性疾病

非传染性疾病是指除传染性疾病外所有疾病的统称，包括内科病、外科病、代谢中毒病、产科病和遗传病等，在所有猪病中，非传染性疾病大约占70%。对于这类疾病，由于不像传染病那样快速传播蔓延，往往容易忽视，如果防治措施不力，会给养猪造成很大损失。目前由于各个猪场都建立了自己的免疫程序，常规的消毒和卫生工作都非常重视，传染病的发生频率已经明显降低，但是非传染性疾病的预防工作还有待加强，争取做到早发现、早诊断和早康复，才能将损失降到最小。

第二节 猪场常用药物的合理使用

一、猪场常用消毒药物的种类

（一）醛类

包括戊二醛、甲醛等，属高效消毒剂，可消毒排泄物、金属器械等，也可用于畜禽场舍的熏蒸和防腐等。

（二）含碘化合物

常用的有游离碘、复合碘、碘仿等，大多数为中效消毒剂，少数为低效，常用于皮肤黏膜的消毒，也用于畜禽舍的消毒。

（三）含氯化合物

主要包括漂白粉、次氯酸钙、二氧化氯、液氯、二氯异氰尿酸钠等，属中效消毒剂，常用于水体、容器、食具、排泄物或疫源地的消毒。

（四）过氧化物类

常用的有过氧乙酸、过氧化氢和臭氧等3种，属高效消毒剂，可用于有关器具、畜禽场舍及室内空气等的消毒。

（五）酚类

包括苯酚（石炭酸）、甲酚、氯甲酚、甲酚皂溶液（来苏儿）、臭药水、六氯双酚、酚地克等，属中效消毒剂。常用于器械及畜禽场舍的消毒与污物处理等。

（六）醇类

常用的有乙醇、甲醇、异丙醇、氯丁醇、苯乙醇、苯氧乙醇、苯甲醇等，属中效消毒剂，作用比较快，常用于皮肤消毒或物品表面消毒。

（七）季铵盐类化合物

这类化合物是阳离子表面活性剂，用于消毒的有新洁尔灭、度米芬、消毒净、氯苄烷铵、氯化十六烷基吡啶、溴化十六烷基吡啶等，属低效消毒剂。但其对细菌繁殖体有广谱杀灭作用，且作用快而强。常用于皮肤黏膜和外环境表面的消毒等。

（八）烷基化气体消毒剂

主要包括环氧乙烷、环氧丙烷、乙型丙内酯和溴化甲烷等，属高效消毒剂，可用于畜禽场舍、孵化室及饲料、金属器械等的消毒。

（九）酸类和酯类

常用的有乳酸、醋酸、水杨酸、苯甲酸、水梨酸、二氧化硫、亚硫酸盐、对位羟基苯甲酸等，属低效消毒剂。

（十）其他消毒剂

常用的有高锰酸钾、碱类（氢氧化钠、生石灰）等。一些染料如三苯甲烷染料、吖啶染料和喹啉等也有杀菌作用。有时可用于皮肤黏膜的消毒和防腐。

二、抗生素及其问题
（一）抗生素及分类

抗生素曾称抗菌素，是细菌、真菌、放线菌等微生物在生长繁殖过程中产生的代谢产物，在很低的浓度下即能抑制或杀灭其他微生物的化学物质。主要采用微生物发酵的方法进行生产，如青霉素、四环素等；也有少数抗生素如甲砜霉素和氟苯尼考等可用化学方法合成。另外，把天然抗生素进行结构改造或以微生物发酵产物为前体生产了大量半合成抗生素，如氨苄西林、阿米卡星、头孢菌素类等。除了具有抗微生物作用外，有的抗生素主要具有抗寄生虫作用，如阿维菌素类、离子载体类抗生素等。

根据抗生素的化学结构，可将其分类为：

① β–内酰胺类，如青霉素、氨苄西林、阿莫西林、头孢噻呋等。

② 氨基糖苷类，如链霉素、庆大霉素、卡那霉素、新霉素、阿米卡星、大观霉素、安普霉素等。

③ 大环内酯类，如红霉素、泰乐菌素、吉他霉素、替米考星等。

④ 四环素类，如四环素、土霉素、金霉素、多西环素等。

⑤ 酰胺醇类，如甲砜霉素、氟苯尼考等。

⑥ 林可胺类，如林可霉素等。

⑦ 多肽类，如杆菌肽、多黏菌素等。

⑧ 多烯类，如制霉菌素等。

⑨ 其他，如泰妙菌素等。

抗生素一般以游离碱的重量作效价单位计算，如链霉素、土霉素、红霉素、新霉素、卡那霉素、庆大霉素等，以1微克为一个效价单位，即1克为100万单位。但青霉素等有特别规定，以青霉素钠盐0.6微克为一个国际单位（IU）。

（二）抗生素在畜牧业的使用现状

据调查，我国每年有20万人死于药品不良反应，其中有40%死于抗生素滥用。

在我国住院患者中，抗生素的使用率达到70%，是欧美国家的2倍。外科患者几乎人人都用抗生素，比例高达97%，真正需要使用的病人还不到20%。我国儿童抗生素食用量是欧美发达国家儿童的2.4倍，幼儿上呼吸道感染约80%以上都是病毒引起，不需要使用抗生素，但临床约90%上呼吸道感染应用了抗生素。我国7岁以下儿童因为不合理使用抗生素造成耳聋的数量多达30万，占总体聋哑儿童的30%~40%，而一些发达国家只有0.9%的比例。

根据海关的检查报告，因抗生素残留而被拒绝在海关之外的产品，占出口产品的20%。出口产品也能检测出20%残留，如不是出口产品，数字恐更高……化学工业学会和制药工业学会2005年统计数据显示，我国每年抗生素原料生产量约为21万吨，其中有9.7万吨（占年总产量的46.1%）用于畜牧养殖业。对国内5省（市）进行的养殖业抗生素的使用情况调查表明，饲养场滥用抗生素现象相当严重。具体表现如下。

1. 盲目、随意用药问题突出

据调查，在畜禽养殖过程中，抗生素被应用于无使用特征、治疗单纯病毒感染、预防用药超过规定的时间、剂量不足或剂量过大等现象比比皆是。

2. 过量、长期使用抗生素情况普遍存在

养殖者传统的思想认为，兽药质量较差，含量不足，使用药物多多益善，这种错误的认识使加大抗生素使用剂量和长期使用现象普遍存在。

3. 使用禁用抗生素现象时而发生

2000年以来，国家陆续公布了一些在畜禽生产中禁用的药物。氯霉素及其盐、酯（包括琥珀氯霉素）及制剂被明文禁止在所有食品动物上使用，但在兽药监督检查或养殖场中时而能够看到，其使用依然禁而不止。

4. 人药兽用现象依然存在

《兽药管理条例》明令禁止人药兽用。在生产中，由于兽药抗生素的品种较少，或人们担心兽药的质量，往往使用医用药物。同时，我国许多制药厂家具备模仿生产高端抗生素的能力，使得兽用抗生素的更新几乎与人类临床用抗生素同步。因此，在现代宠物的临床治疗、鸡、猪的饲养中，使用人用抗生素的现象非常普遍，品种涉及氨基糖苷类、大环内酯类、头孢菌素类等各种抗生素。

5. 兽用原料药直接使用情况屡禁不止

近年来，在兽医临床上直接使用兽药原粉（即原料药）的现象比较普遍，从而导致一系列问题的发生。如严重的药物毒副反应、畜禽死淘率增加、生长迟缓、多重耐药菌的产生、药物残留等，给畜禽健康养

殖、食品安全带来诸多隐患。

6. 药物配伍不当现象明显

养殖户为使动物疾病早日康复，不合理的使用几种抗生素药物。由于各种抗生素的抗菌谱不同，性质不同，配伍不当或用药不合理，轻者，达不到理想的疗效；重者，加大药物的毒副作用。

7. 不按规定休药期使用

休药期的长短与药物在动物体内的消除率和残留量有关，而且与动物种类、用药剂量和给药途径有关。国家对有些兽药特别是药物饲料添加剂都规定了休药期，但是部分养殖户（场）使用含药物添加剂的饲料时很少按规定休药期执行。

鉴于抗生素的种种副作用，欧盟早在 1999 年就立法禁止在饲料中添加杆菌肽、螺旋霉素、维吉尼亚霉素、泰乐菌素 4 种抗生素。韩国也在 2014 年的 7 月 1 日起全面禁止动物饲料中添加抗生素。在我国，虽然没有正式出台饲料抗生素的相关禁令，但大力开发替代抗生素的具有生物活性的生物饲料添加剂已成为国家重点支持的研究课题。

（三）抗生素滥用的危害

抗生素研发的速度远远赶不上细菌的变异和转化速度。临床医学研究表明，自 20 世纪中叶起，用作抗菌使用的抗生素每 10 年方能更新一代产品，而人体携带的耐药细菌平均每两年就有一次变异。

1. 抗生素滥用对人体的危害

（1）药品本身的不良反应　抗生素进入人体之后，发挥治疗作用的同时，也会引起不良反应。药物越多，引起不良反应的机会就越高。抗生素的种类比较多，引起的不良反应或者严重的不良反应涉及身体的每一个系统。

（2）使细菌产生耐药性　当药物作用于细菌时，细菌会自卫、防御、反击，最后的结果就是对抗生素产生抵抗力，也就是产生了耐药性。如果我们滥用抗生素，有那么一天，环境中存在的致病菌有可能都是耐药的，人体感染的都是耐药菌。细菌产生耐药性的速度远远快于我们新药开发的速度，结果是人类将重新面临很多感染性疾病的威胁。

（3）引起菌群失调二重感染 在人体的开放部位，比如皮肤上、肠道中、鼻咽部等，存在着许多不同种类的细菌，在正常情况下，相互制约处于一个平衡状态，人体对这种状态是适应的，不会发生疾病，但当长期使用某种抗生素后，其中的某类细菌被杀死，而另外的细菌在没有制约的情况下，就会大量繁殖、生长，引起人体的感染，这种感染也叫二重感染。

2. 抗生素滥用在畜牧业中的危害

（1）严重破坏肠道细菌（消化系统）的生态平衡 抗生素能够治病是通过杀死或抑制细菌的生长来达成的，但它对细菌的杀灭作用是没有选择性的，也就是不管是有益还是有害的细菌它同样杀灭，这就造成用药的同时把很多对猪消化吸收有帮助的细菌如双歧杆菌、乳酸杆菌等也消灭了。大家知道，猪体从采食饲料中得到的营养如氨基酸、钙、磷、糖等是由肠道吸收的，其中小肠是直接吸收器官，大肠则是通过对食物酵解（发酵）来完成对养分的吸收，同时制造了部分体内所需要的营养如维生素，这个过程必须有细菌（前面说到的有益菌）参与才能顺利完成。否则就会出现消化吸收不良而诱发肠胃病、生长发育不良等症状，比如我们常见的营养性腹泻，粪便干硬或拉饲料粪，采食量偏低，皮肤苍白，毛长粗糙等。

（2）形成药物依赖或耐药性 由于长期滥用药物，导致猪体内有益细菌得不到繁殖，肠道生态处于一种不平衡状态，一旦有害细菌如大肠杆菌，沙门氏菌等适应了药物（产生耐药性），遇到环境变化（应激）或停药，此时有害细菌就会大量繁殖而导致发病，这时候采用药物治疗效果就会大大降低，甚至完全失效。

（3）过量用药会导致内分泌失调 实践证明长期大量使用抗生素，会导致动物体内酶系统分泌能力下降，从而直接影响食物的消化、吸收、转化效率。

（四）抗生素的正确使用

一段时间内我们依然无法离开抗生素，为给研发新的抗菌途径争取时间，日常生活中应采取适当措施，合理使用抗生素。

1. 坚持预防为主

在猪病防控中一定要坚持预防为主的方针，加强科学管理，重视生物安全，有计划地实施疫苗免疫预防与药物预防，防制猪病的发生与流行，避免使用大量的抗生素去实施治疗。

2. 要选购优质的抗生素

选购抗生素药物时，一定要从国家批准生产的厂家购买，并认准其批准文号、生产许可证书、质量标准、适应症、生产日期与保存期等。严禁购买无批准文号、无生产许可证书、无生产厂家的"三无抗生素"，以免贻误疫病的防治，造成不可挽回的经济损失。

3. 正确诊断，对症下药

当猪群发生疫病时，首先要立即进行诊断，找出原发病原与继发病原，并作药敏试验，然后针对病原选用敏感药物。

4. 控制好抗生素药物的使用剂量

有的养猪户认为防治疫病用药剂量越大，治疗效果就越好，因而在临床上有盲目地加大抗生素药物的使用剂量的现象。各种抗生素药物都规定有预防剂量、治疗剂量和中毒剂量。因此，在使用抗生素药物防治猪病时，一定要按照药物规定的剂量实施。不要随意改变药物的使用剂量。

5. 一定要把握好合理的疗程

有的养猪户为了节省药费，治疗时见病有好转就停止用药，结果造成病情反复，甚至转为慢性病，从而更加增大了治疗的难度。用于治疗疫病的抗生素药物都有规定的疗程，治疗时一定要按药物规定的疗程实施。

6. 实施正确的给药途径

给药途径不同，药物效果不一样。一般来说，全身感染以注射给药为好，肠道感染以口服给药为好，呼吸道感染以饮水给药为好，皮肤感染以涂抹给药为好。猪只以肌内注射给药为好，饮水给药比拌料给药好。但有的抗生素如红霉素、四环素、万古霉素和两性霉素等必须静脉注射给药，以减轻肌内注射刺激和口服吸收少的缺点。

7. 要科学合理地联合用药

防治猪病时一般多限于 2 种抗生素药物联用，最多不宜超过 3 种，并不是抗生素药物联用种类越多，疗效就越高。临床上使用抗生素药物治疗时，要根据不同病情，随时调整联合用药方案。

8. 不要盲目使用新兽药

市面上可见一些进口兽药或少数厂家研发出一种上市新兽药或者老兽药改换一个新药名将其说成能"治百病"、"一针见效"等，常常误导养猪户使用。当一种新兽药上市后，要认真阅读其使用说明书，特别是将其药物有效成分同过去的同类产品进行比较、分析，不要盲目使用，切不可为新的药名所误导。

（五）抗生素替代品的选用

添加剂是饲料的核心，因为饲料中许多重要营养成分都存在于添加剂中，所以，添加剂的好坏举足轻重。随着饲料添加剂向高效、安全、环保、多功能的方向发展，取代抗生素的无药物残留、无耐药性、不污染环境的生物制剂成为饲料添加剂的发展趋势。

自抗生素被批准用作饲料添加剂后，为畜牧业发展起了巨大推动作用，但随着饲用抗生素的普及应用，其副作用也逐渐突出：破坏畜禽的胃肠道微生态平衡，干扰畜禽免疫系统，特别是消化系统、呼吸系统和生殖系统的局部非特异性免疫系统，降低畜禽对疾病的抵抗力，影响畜禽健康，严重威胁畜牧业的可持续发展；在肉、蛋、奶等畜产品中残留，直接威胁人的健康；通过抗生素耐药性的交互遗传和交叉传播，干扰发病动物的治疗，提高治疗用药的剂量，同时造成用药成本增加。

由于饲用抗生素的上述问题，早在 1992 年瑞士就禁止使用饲用抗生素，欧盟 1999 年 1 月起通过立法禁止抗生素作促生长剂使用，使人们对抗生素的替代品越来越重视，其临床使用的效果和优点逐渐显露出来，并随着科学技术的发展，抗生素替代品质量越来越好，价格越来越低，正逐渐被养猪业青睐。饲用抗生素替代品的研究主要有益生素（微生物制剂）、寡糖（化学益生素）、抗菌肽、中草药、糖萜素、酶制剂和酸化剂等。这些制剂都能够达到与抗生素相同的效果，但并不表示能完全替代抗生素，而是一个"后抗生素"时代的产品，这两种产品需要交替配合使用，即添加少量抗生素，然后再继续追加生物饲料添加剂。

1. 抗菌肽

抗菌肽，又称抗微生物肽或肽抗生素，它是生物体内产生的具有抵抗外界微生物侵害，消除体内突变细胞的一类小分子肽，是生物天然免疫防御的重要组成部分。其分子量小，性能稳定，具有较强的广谱抗菌能力，对革兰氏阳性菌及阴性菌均有杀伤作用，对原虫、肿瘤也有作用，是机体防御病原体侵入的重要分子屏障。

抗菌肽有着独特的不同于抗生素的抗菌机理，抗菌肽的作用机制与酶或受体等蛋白因子无关，抗菌肽作用于微生物膜（细胞膜外膜），主要是作用于膜脂质的基质，通过物理化学机制使膜的通透性增大，破坏其屏障而达到杀伤细胞的效果。抗菌肽具有"传统抗生素"无法比拟的优越性，不会诱导抗药菌株的产生，有希望成为新一代抗菌剂。抗菌肽的高效广谱抗菌性已被药物学家、生物学家所重视，在研究了它的一级结构的基础上，采用分子生物学和基因工程技术方法可以生产抗菌的转基因动植物，同时可以通过基因工程的技术方法大量的表达抗菌肽，使之成为新一代肽类抗菌药的来源，显示出广阔的应用前景。

2. 益生素

又称活菌制剂或微生态制剂（主要是肠球菌、乳酸杆菌、双歧杆菌、芽孢杆菌、酵母菌等），是一种无毒、无副作用、无残留的绿色饲料添加剂。益生素可在消化道内增殖，产生乳酸和乙酸使消化道内 pH 值下降，并产生溶菌酶、过氧化氢等代谢产物抑制有害细菌在肠黏膜的附着与繁殖，平衡动物消化道内的微生物群。益生素与消化道菌群之间存在生存和繁殖的竞争，限制致病菌群的生存、繁殖以及在消化道内的定居和附着，协助机体消除毒素及代谢产物。益生素可刺激机体免疫系统，提高干扰素和巨噬细胞的活性，促进抗体的产生，提高免疫力和抗病能力。另外，许多益生素具有抑制消化道内氨及其他腐败物质生成的作用。益生素可产生各种消化酶，促进动物对营养物质的消化吸收。

目前国内用量较大的有乳酸杆菌、酵母和枯草芽孢杆菌。产品有单一菌种的剂型，大多数是多种微生物组成的复合剂型。益生素主要用于幼龄动物，现在研制了专门用于猪的益生素，能够提高猪的饲料利用率和减少粪氮的排泄，应用前景广阔。

微生态制剂是以活菌体直接饲喂，生产、运输、贮存中易失活，尤其是复合型菌剂，有的是厌氧菌，有的是好氧菌，在一起使用能否充分发挥作用还不能确定；有些其他饲料添加剂与之不能同时使用，例如：高铜离子对大多数益生菌有抑制活性作用；大多数菌不能通过消化道内的酸性环境，不能到达目的地——肠道；在病原菌占绝对优势（疾病已经暴发或流行）时，益生素不能达到抗生素类药物的使用效果。

3. 溶菌酶

为细菌代谢产物，为一种特异性作用于微生物细胞壁的水解酶，又称细胞壁溶解酶，含有丰富的抗菌和抗病毒作用的溶菌酶类物质。主要通过破坏细胞壁中的 N-乙酰氨基葡萄糖之间的糖苷键，使细胞壁不溶性黏多糖分解成可溶性黏肽，导致细胞壁破裂，其内容物溢出而使细菌裂解。溶菌酶具有抗菌消炎作用，对革兰氏阳性菌和革兰氏阴性菌都有显著抗菌作用，可用于消化道和呼吸道疾病的预防和治疗。同时具有抗病毒、抗应激作用。

4. 细菌素

是多种益生菌（主要是乳酸杆菌）发酵的代谢产物，通过吸附到细菌细胞表面受体上形成细胞质膜透性通道，致细菌死亡。细菌素广谱杀菌作用，对革兰氏阳性菌和阴性菌有强大的杀灭作用，可用于防控由细菌引发的消化道和呼吸道疾病，如大肠杆菌和沙门氏菌引发的仔猪腹泻、巴氏杆菌、链球菌、猪副嗜血杆菌、放线杆菌、支原体等引起的疾病。同时具有增强免疫力的作用。

5. 寡糖

寡糖是由 2~10 个糖基通过糖苷键连接而成的具有直链或支链结构的低聚物的总称。寡糖种类很多，目前用作饲料添加剂的寡糖主要有：低聚果糖、半乳聚糖、甘露寡糖、半乳蔗糖、大豆寡糖、低聚异麦芽糖。这些寡糖都属短链分支糖类，因其不能被动物消化，但可以被肠道有益微生物利用，从而促进有益菌群的增殖。寡糖因其调节动物微生态平衡的作用与活菌制剂相似，营养界称其为化学益生素。

寡糖主要是维持体内已建立而且是健康的消化道菌群，选择性促进消化道中有益微生物的优先繁殖。寡糖由于其分子间结合位置及结合类型的特殊性，导致不能被单胃动物自身分泌的消化酶分解，但进入消化道后段可作为营养物质被其中的有益微生物如双歧杆菌、乳酸杆菌、链球菌等消化利用，从而使其大量增殖，形成微生态竞争优势，同时发酵产生的酸性物质降低整个肠道的 pH 值，直接抑制外源菌和肠内固有腐败菌的生长，从而发挥正常肠道菌群在屏障、营养、免疫上的正常功能。某些寡聚糖还具有提高免疫和抗原免疫应答能力，从而增加动物体液及细胞免疫能力。

寡糖是一类间接提高免疫力的物质，本身没有杀菌作用，只是为有益菌提供养分或者为病原菌提供标靶，辅助抗病、防病；同时寡糖类物质易吸潮，不利于贮存或均匀添加；成本也比较高。

6. 中草药

中草药是天然物质，安全可靠，副作用小，由于其抗菌作用的广泛性和协同而不会出现耐药性，克服了抗生素的缺点。有些中草药本身就含有丰富的蛋白质、维生素和矿物质元素，兼有药效和营养双重功能。中草药的主要作用：理气消食、助脾健胃；活血化淤、促进代谢；清热解毒、杀菌抗病；驱虫除积；宣肝化痰、止咳平喘。

（1）黄连　药用黄连为黄连的干燥根茎，主要成分是黄连素（小檗碱），含量 5%~8%，系黄色无臭、味苦的结晶体。抗菌谱广对多种革兰氏阳性及阴性细菌均有抑制作用，如大肠杆菌、金黄色葡萄球菌、溶血链球菌、肺炎双球菌、布氏杆菌等。但细菌对黄连素能产生耐药性。黄连素还具有增强免疫功能和一定的解热利胆作用。内服吸收较少，血液浓度低，临床上主要用于治疗肠炎、仔猪白痢、仔猪副伤寒消化不良。外用治疗化脓性感染疮。

（2）黄芩　药用的为植物黄芩的干燥根，主要含有芩苷、汉黄芩苷原、汉黄芩素及少量的黄芩新素等。具有广谱抗菌作用。对多种革兰氏阳性菌和阴性菌如金黄色葡萄球菌、志贺氏痢疾杆菌、沙门氏菌、肺炎球菌及某些真菌、病毒等有抑制作用。黄芩内服吸收较少，一部分被肠道细菌所降解，小部分随肾脏排出体外。主要用于肠炎、肺炎、流感、子宫内膜炎等的治疗。

（3）板蓝根 根称板蓝根，其叶为大青叶。主要成分含靛苷、松蓝苷，β-谷甾醇，板蓝根乙素等。对多种革兰氏阳性菌和阴性菌及流感病毒均有抑制作用。还有解热、消炎、保肝利胆作用。临床上用于猪流感、脑炎、肺炎以及全身感染和化脓创。

（4）大蒜 其鳞茎入药，主要成分是大蒜素，可改变细菌细胞壁的渗透压，引起细菌质壁分离，具有广谱抗菌作用，对多种革兰氏阳性菌和阴性菌如葡萄球菌、链球菌、肺炎球菌、大肠杆菌、绿脓杆菌均有抑制作用，对某些真菌、原虫等亦有作用。临床上主要用于内服治疗猪肠炎下痢、仔猪白痢、仔猪副伤寒、猪胃肠鼓气等。捣汁外用治疗皮肤癣病。

（5）穿心莲 全草或叶入药。主要成分为内酯类，内酯类包括穿心莲内酯和新穿心莲内酯等。广谱抗菌，临床上主要治疗仔猪白痢、肠炎下痢、仔猪副伤寒等。

（6）杨树花 杨树花提取物主要含黄酮、有机酸、氨基酸、糖类和生物碱等。具有清热解毒、涩肠止泻、化湿止痢、健脾养胃等功效。主治细菌性痢疾、肠炎、仔猪黄白痢等。

（7）鱼腥草 含鱼腥草素，抗菌作用较强，对肺炎球菌、金葡菌、溶血性链球菌等作用最显著，高浓度可抑制真菌繁殖生长。还具有增强白细胞吞噬机能和提高免疫力的作用。临床上主要用于治疗呼吸道感染如肺炎、支气管炎、异物性肺炎、肺脓肿等。也用于治疗尿路感染、肠炎下痢、乳房炎等。鱼腥草素有溶血作用，故不能静注。

（8）马齿苋 全草入药，能抑制多种肠道细菌，有利尿、止血、增强子宫收缩、肠蠕动及促进溃疡愈合作用。治疗肠炎下痢、仔猪白痢等胃肠道细菌感染。

（9）金银花 又叫忍冬花、双花，花蕾入药，对多种革兰氏阳性菌和阴性菌如葡萄球菌、链球菌、大肠杆菌、绿脓杆菌均有抑制作用。此外还有中枢兴奋、促进胃肠蠕动作用，主要用于猪呼吸道感染、猪流感。

（10）连翘 干燥果实入药，主要含连翘酚、连翘苷、连翘苷元等

及少量的挥发油和皂苷等。临床上治疗猪流感、肺炎、肠炎等。

三、常见的药物作用

临床上所用的药物，几乎每一种药都有多种作用，其中与治疗目的有关的作用称为治疗作用；其余与治疗目的无关的甚至对机体有害的作用，总称为不良反应。在某些情况下，这两方面的作用会同时出现，所以对药物的作用一定要用"一分为二"的观点来分析。在临床用药时，要充分发挥药物的治疗作用，而减少或避免其不良反应的发生。

（一）对因治疗

即药物的作用在于消除原发致病的因素。特别是对传染病和寄生虫病具有重要的意义，当侵袭体内的病原体和寄生虫被抑制或被杀灭后，即消除了致病原因，病猪随之恢复健康。这类药物主要包括抗菌药物和驱虫药。当中毒时，采用相应的解毒药。这些都属于对因治疗，或称"治本"。

（二）对症治疗

当病猪发病的原因尚不清楚，但已出现某种临床症状时，如体温升高、呼吸困难、腹泻、神经症状、食欲不振等，为了缓解病情，防止疾病的发展或恶化，也是为对因治疗争取时间，应采取对症治疗，亦称"治标"。当然，两种治疗措施是密切结合的，不可偏废。即对急性病例应首先用药消除某些严重的症状，解除危急；而对慢性病例则以治本为主，以获得对疾病的根治。这就充分说明了对因治疗与对症治疗是相互联系、相辅相成的。

（三）副作用

是指药物在治疗剂量时所出现的与治疗目的无关的作用，这种作用一般在用药前，根据药理学的知识，是可以预见到的，一般都比较轻微而且容易恢复。例如，使用阿托品可以解除肠道平滑肌痉挛，但其副作用是使瞳孔散大，和使腺体分泌减少，引起口腔干渴。反之，如果用它来散大瞳孔，则松弛平滑肌和制止分泌等症状就成为副作用。

（四）毒性作用

指药物对机体的损害作用。其实绝大多数的药物都有一定的毒性。它们所产生的毒性作用的性质各不相同。一般用药剂量过大、用药时间过长、两次用药间隔时间过短等，可使药物在机体内蓄积过多，超过机体的耐受力，从而引起机体生理生化功能和结构发生变化，称为毒性作用。另外，猪若患有肝、肾疾病，在对药物的代谢、排泄机能不健全的情况下，即使常量药物也可能出现毒性作用。所以，在用药时一定要了解患畜的病史，并严格掌握用药剂量和连续用药的持续时间。对于剧毒药更应严格控制剂量，以免出现毒性反应。

许多抗微生物药和抗寄生虫药在治疗剂量时对机体就有一定的毒性，这时所产生的与治疗目的无关的作用往往不称为副作用，习惯上称为毒性作用。例如，大量使用庆大霉素后，可能抑制骨髓的造血功能，从而引起再生障碍性贫血等。

（五）过敏反应

少数过敏体质的病猪，在治疗量或低于甚至远低于治疗量时，便发生一般机体中毒量时也不发生的特异反应，如青霉素过敏。变态反应，是指少数家畜对某种药物的特殊反应。这种反应与剂量无关，而与免疫学上的变态反应相同，可由抗原（如异性蛋白）或半抗原（如青霉素）与抗体相结合而产生。对于一般畜体，即使用到中毒剂量也不出现类似的反应。不同的药物所引起的过敏反应或变态反应基本相同，故其治疗措施也基本相同。概括地说，过敏反应是过敏反应和变态反应的总称。

四、猪场兽药使用要科学规范

（一）猪场的兽药管理制度

本制度所规定的兽药包括抗菌药、抗寄生虫药、疫苗、消毒防腐药、饲料药物添加剂等用于预防、治疗和诊断猪群疾病的兽用生物制品和兽用药品。

兽药的采购注意事项如下。

① 场内指定专人负责兽药的采购工作。

② 兽药的采购品种必须按照场内兽医专业人员开具的兽药计划购进目录进行采购。

③ 所购兽药必须来自有《兽药生产许可证》和产品批准文号的生产企业，或者具有《进口兽药许可证》的供应商。

④ 所购兽药包装必须贴有标签，注明"兽用"字样并附有说明书，标签或说明书必须注明商标、兽药名称、规格、企业名称、产品批号和批准文号，写明兽药的主要成分、含量、作用、用途、用法、用量、有效期和注意事项等。

⑤ 严禁购入下列产品：未经农业部批准或已经淘汰的兽药；未经国家畜牧兽医行政管理部门批准的用基因工程方法生产的兽药；严禁购入农业部禁止使用和添加的盐酸克伦特罗、β-兴奋剂、镇静剂、激素类、砷制剂等国家规定的违禁药物、添加剂。

⑥ 对于购入的兽药一经发现属假冒伪劣产品，采购人员应负责退货或按场内规定承担损失。

（二）兽药的保存

兽药抵场后，保管员必须依照发票清单进行清点入库，兽药的保存要根据不同兽药、同一兽药的不同批次分别存放，并登记造册，包括兽药名称、生产厂家、购入日期、有效期、包装规格等。

兽药的保存环境应符合其所规定的保存条件。

保存过程中，保管员要随时检查药品的有效期及药品的感观变化：液体有无变混浊、粉剂有无结块、冻干苗有无解冻、乳剂有无破乳等情况，发现有过期和感观变化的药品应报主治兽医，请示领导处理。

（三）兽药的领用

兽药的发放原则上执行先进先出的制度。

兽药的发放须依据兽医开具诊断处方单，饲养员不得随意领用兽药。

（四）兽药的使用

兽药必须由兽医（执业兽医）或在兽医专业人员的指导下严格按照药品所规定的用法、用量使用。

兽药的使用必须遵守 NY5030-2001 无公害食品生猪饲养兽药使用准则。

为获得较好的效果，使用药物之前对流行病学要掌握清楚，对疾病的诊断要准确，然后决定采取何种用药方案。坚持该用则用、不该用的坚决不用的原则。

坚持处方用药原则，必须由主管兽医（执业兽医）按生产与临床需要开写处方单，凭单发药、用药，并将处方存档。

使用兽药前要检查药品包装有无破损，有无异常现象，如结块、变色、浑浊，是否失真空等。对于非正常药品、过期药品不要使用。

抗生素、疫苗等当时稀释，当时用完。

严格按要求用药。兽药的使用剂量、时间、次数、配伍禁忌、给药途径等都要符合要求，不可随意为之。剂量分预防量和治疗量，剂量小时效果差、耐药；剂量大时成本高、易造成中毒。配伍不当可造成无效或中毒，有些药物配伍有拮抗作用，有的药物配伍有加强效应。严格按照给药途径进行给药。给药途径有注射给药（静脉注射、肌内注射、皮下注射）、口服给药、饮水给药、吸入给药等，实际生产中要根据需要选择。个体给药可注射，群体给药可拌料或饮水。拌料给药要考虑猪的采食量，一般用于预防保健；饮水给药，既可用于群体治疗，也可用于预防保健，因为病猪可能不采食，但会饮水。饮水给药要注意配置专用水箱，便于控制加药量。此外，要尽可能避免饮水浪费。

定期做药敏试验，其作用是选择针对性强的药物，确保用药效果。

只有在万不得已的情况下才使用药物。最好的保健是为猪只提供全价的营养和舒适的环境。

绝大多数抗生素都有休药期，即将上市的肥猪不要使用药物。养猪生产者要强化社会责任意识，要为消费者提供安全优质的动物食品。不同药物的理化性质不同，不能简单地加以混合使用，混合后可能会导致失效或毒性反应。例如磺胺类药物不可与青霉素混合使用；解热镇痛药不可用于稀释抗生素；兴奋剂与镇静剂不能混合使用。

猪场使用药物保健时，不要盲目照抄照搬别人的方案，一定要结合本场实际情况，尽量选择广谱且价格适宜的药物。用药要有针对性，不是越昂贵的药物越好。

在免疫注射的前后数天，须慎用药物，尤其不要使用抗生素，以免影响免疫效果，但可以使用免疫增强剂，如黄芪多糖、甘草酸、高免疫球蛋白等。

国家明令禁止使用的药品如盐酸克伦特罗、莱克多巴胺等杜绝在生产中使用。此外，还有氯霉素、呋喃唑酮等也不可使用。

（五）休药期

猪群在使用抗生素和抗寄生虫药后，必须按照 NY5030 附录 A 中规定的时间执行休药期，附录中未做规定的药品，休药期不得少于28 天。

（六）建立并保存猪群的用药记录

建立并保存全部的用药记录，治疗用药包括生猪编号、发病时间及症状、治疗用药名称（商品名及有效成分）、给药途径、给药剂量、疗程、治疗时间等，预防或促生长混饲给药记录包括药品名称（商品名及有效成分）、给药剂量及疗程等。所有记录由兽医人员负责填写，定期上报生产办汇总、保存。

第三节　猪传染病发生的主要环节和防控原则

猪场疫病的预防其目的是要控制猪群各种疫病的发生和蔓延，使之消灭在萌芽状态。要做到这一点，就必须了解疫病流行过程、规律和原理。通常情况下疫病的传播必须具备三个条件和环节，即传染源、传播途径和易感动物。病原体从被感染的动物机体（主要指病猪）排出，往往是随病猪的粪便、唾液、泪水和呼吸道分泌物排到体外，停留在外界环境中，接着又通过一定的方式和途径，侵入新的易感畜群，这样又产生了新的传染源，如此周而复始地不断延续，构成了传染病的流行过程。这个过程包括传染来源、传播途径和易感畜群三个基本环节，只有当这三个环节同时存在并相互联系时，才可能引起传染病在猪群中流行，如果缺少其中任何一个环节，流行便可终止，即使个别猪感染了传染病，也容易控制。这三个环节就好比一条锁链，若是割断其中任何一个环节，锁链就会断开。因此，了解传染病流行过程的基本条件及其影响因素，有助于我们制订正确的防疫措施，这就是防疫工作的原理。

一、传染源

传染源是指某种传染病的病原体在其中寄居、生长、繁殖，并能排出体外的动物机体。具体说传染源就是受感染的猪或其他动物，包括无症状隐性感染的带菌（毒）动物。猪传染病的病原微生物也和其他生物种属一样，它们的生存需要一定的环境条件。病原微生物在其种的形成过程中对于某种动物机体产生了适应性，即这些动物机体对其有了易感性，有易感性的机体相对而言是病原体生存最适宜的环境条件。因此，病原体在受感染的动物体内不但能够寄居繁殖，而且还能通过各种途径排出体外。在外界环境（畜舍、水源、空气、土壤等）中的病原体，由于缺乏恒定的温度、湿度、酸碱度和营养物质等因素，不适宜病原体长期生存，也不能繁殖，因此不属于传染来源，而只能称为传播媒介。猪感染病原体后，可表现出明显的临床症状，也可能呈现隐性携带病原状态。因此，传染源一般可分为两种类型。

（一）病猪和病死猪的尸体

这是最为重要的传染源，尤其是在急性过程或者病程转剧阶段的病猪，可排出大量毒力强大的病原体，危害最大。

病畜能排出病原体的整个时期称为传染期。不同传染病的传染期长短不同，各种传染病的隔离期就是根据传染期的长短来制订的。为了控制传染源，对病猪应及时隔离或淘汰，对于病猪的尸体要严格进行无害

化处理。

（二）病原携带者

这是一个统称，如已知所带病原的性质，应确切地称为带菌者、带毒者、带虫者等。病原携带者一般分为潜伏期的病原携带者、恢复期的病原携带者和健康动物病原携带者三类。

1. 潜伏期病原携带者

是指感染后至症状出现前这段时间就能排出病原体的动物。在潜伏期中，大多数传染病的病原体数量还很少，尚未具备排出病原体的条件，因此不能起传染源的作用。但有少数传染病，如口蹄疫、猪瘟等则在潜伏期的后期能够排出病原体，此时就有了传染性。

2. 恢复期病原携带者

是指在临床症状消失后仍能排出病原体的病愈动物。一般说来，这个时期的传染性已逐渐减少或已无传染性了，但还有不少传染病如气喘病、布氏杆菌病等，在恢复期仍能排出病原体。所以，对恢复期的病原携带者除应考查其过去病史外，还应作多次病原学检查才能查明。

3. 健康动物病原携带者

是指过去没有发现患过某种传染病，但能排出该种病原体的动物。一般认为，这是隐性感染的结果，如猪肺疫、副伤寒、气喘病等。通常只能靠实验室诊断才能检出。

检查病原携带者也就是检疫，这在动物流通领域，尤其是猪场从外地引进猪只时更不可缺少。搞好检疫工作，是防制传染病的一项重要措施。

二、传播途径

传染途径是指病原体从传染源排出后，侵入另一易感动物体内的途径。了解每种传染病的传播途径并切断之，这是防制传染病流行又一个重要环节。猪常见传染病的传染途径，可分为直接接触传播和间接接触传播两种。

（一）直接接触传播

直接接触传播是在没有任何外界因素的参与下，传染源与健康动物直接接触，如交配、舐咬等而发生传染病的传播方式。猪以直接接触为主要传染途径的疫病，最具有代表性的是狂犬病，通常只有被患狂犬病的动物咬伤并随着唾液将狂犬病病毒带进伤口，才有可能引起发病。这种以直接接触而传播的传染病。其流行特点是一个接一个地发生，形成明显的锁链状。这种方式使疾病的传播受到限制，一般不易造成广泛的流行。

（二）间接接触传播

在外界环境因素的参与下，病原体通过传播媒介使易感动物发生传染的方式，称为间接接触传播。从传染源将病原体传播给易感动物的各种外界环境因素，称为传播媒介，它又包括活的传播媒介和无生命的传播媒介。

在猪的许多传染病中如猪瘟、猪丹毒、口蹄疫等，既可通过直接接触传播，也可通过间接接触传播，统称为接触性传染病。

间接接触传播一般通过以下几种途径。

1. 经空气（飞沫、飞沫核、尘埃）传播

某些传染病病猪的呼吸道内含有大量的病原体，当病猪咳嗽、喷嚏和呼吸时，随飞沫散布于空气之中，大滴的飞沫迅速落地，微小的飞沫在适宜的温度、湿度等条件下，能在空气中飘浮数小时，当健康猪吸入飞沫后，可以引起感染。这类疾病有猪气喘病、猪肺疫、接触传染性胸膜肺炎等。某些在外界生存力较强的病原体，如结核杆菌、炭疽杆菌、丹毒杆菌及胸膜肺炎放线杆菌等，从病畜的分泌物、排泄物排出，或从处理不当的尸体上散布在地面和环境中，干燥后随灰尘一道飘扬于空气中，当易感猪吸入后可受感染。

在一个清洁、干燥、光亮、温暖和通风良好的环境中，飞沫飘浮的时间较短，其中的病原体死亡较快，不利于疫病的传播；而在潮湿、污脏、阴暗、低温和通风不良的环境中，则飞沫在空气中停留的时间较

长，有利于疫病的传播。

2. 经污染的饲料和饮水传播

对以消化道为主要侵入途径的传染病有重要意义，即通常所说的病从口入。易感猪采食了传染源的分泌物、排出物和病畜尸体及其流出物污染了的饲料、饲草和水源，可以引起感染。以消化道为主要侵入门户的传染病很多，有猪瘟、口蹄疫、副伤寒、猪丹毒、猪痢疾、仔猪黄痢和白痢等。

3. 经污染的土壤传播

随病畜的排泄物或其尸体一起落入土壤中而且能生存很久的病原微生物，如炭疽、破伤风等病菌，可形成抵抗力很强的芽孢；猪丹毒杆菌和结核杆菌虽不能形成芽孢，但对干燥、腐败等环境因素有较强的抵抗力，能在土壤中生存较长的时间。因此，对于能通过污染土壤而传播的传染病，要特别注意这类病畜的排泄物所污染的环境、物体和尸体的处理，防止病原体落入土壤，以免形成永久性的疫源地，其后患无穷。

4. 经活的媒介物传播

除猪以外的动物和人类都可能成为传播媒介，传播猪的某些传染病。具体讲，可分为以下几种类型。

（1）节肢昆虫　包括蚊、蝇、蠓、虻等。通过这些昆虫传播疾病的特点有明显的季节性，如炎热的夏季，蚊子滋生，也是猪乙型脑炎、猪丹毒等疾病的流行高峰期，因为这些疾病可以通过蚊子的刺螫传播。家蝇虽不吸血，但活动于猪群与排泄物、病死尸体和饲料之间，可机械性地携带和传播病原。由于这些昆虫都能飞翔，不易控制，能将疾病传到较远的地区。

（2）野生动物和其他畜禽　可以感染多种动物的共患病，如伪狂犬病、李氏杆菌病、沙门氏菌病等，这些疾病也可传染给猪。有些猪病是由于携带病原而引起流行的，如猪瘟、猪口蹄疫等病，其中以鼠的危害最大。此外狗、猫及各种飞鸟、家禽进入猪场，可能传播弓形虫病、猪囊尾蚴病等。因此，要求猪场内禁止狗、猫、家禽等动物入内，重视灭鼠、避免飞鸟飞进猪舍。

（3）人也能传播猪病　饲养人员、猪场的管理人员、兽医人员以及参观者，若不遵守防疫卫生制度，随意进出猪场，都有可能将污染在手上、衣服上、鞋底上的病原体传给健康猪。有些人畜共患病如布氏杆菌病、结核病等，还能由病人直接传播给猪，所以猪场工作人员要定期进行体检。

5. 经用具传播

传染源排出的病原体，可污染饲养设备、清洁用具、诊疗器械，特别是注射针头、体温计等与病猪接触密切的物品，若消毒不严，可引起人为的传播。在实践中这样的例子不少，教训颇为深刻。

（三）病原体的垂直传播和水平传播

猪传染病的传播途径虽然多种多样，但就目前所知，病原体在更迭其宿主时只有三种方式。

1. 垂直传播

指母猪所患的某种疾病，其病原体可经卵巢、胎盘直接传播给仔猪，如猪瘟、伪狂犬病、细小病毒感染等。

2. 水平传播

这是一种最常见最普遍的传播方式，即病猪和健康猪之间通过直接或间接接触在同一代猪之间的横向传播。如猪传染性胃肠炎、仔猪白痢、猪丹毒等大多数传染病，都属于此种类型的传播。

3. 二型传播

指水平传播与垂直传播交替出现的一种传播方式。如伪狂犬病、猪繁殖与呼吸综合征等，属于此类型。

三、易感动物

畜群的易感性是指一群牲畜对某种传染病容易感染的程度。一个地区畜群中易感个体所占的百分率和易感性的高低，直接影响到传染病是否能造成流行以及疫病的严重程度。家畜对传染病易感性的高低，不仅与病原体的种类和毒力强弱有关，还受到畜体的遗传特征、特异免疫状态等因素的影响。

（一）畜群的内在因素

不同种类的家畜对于同一种病原体的易感性是不一致的，这是由遗传特性决定的，如猪不感染鸡瘟等。某一种病原体可能使多种家畜感染而引起不同的表现，如猪感染丹毒后可产生败血症致死，而牛、羊感染后只有轻微的局部反应。即使同一品种的不同品系，对于某些病原体的感受性也有差别。例如，地方品种的猪（二花脸、梅山猪等），对气喘病的易感性大于外来品种的猪（约克夏、长白猪等）；而萎缩性鼻炎对外来品种猪的易感性大于本地猪。

不同日龄的家畜对某些疾病的易感性也有差别。例如，仔猪黄痢、白痢对新生仔猪较敏感，青年猪易发生猪肺疫和丹毒，而成年母猪对布氏杆菌病易感。

（二）畜群的外在因素

外在因素范围很广，包括饲料、饲养、环境条件等应激因素。如寒冷有利于病毒的生存，易使传染性胃肠炎等病毒病流行；夏秋季节蚊子滋生，增加了乙型脑炎的感染机会；环境恶劣可降低猪的抵抗力，易诱发仔猪白痢、猪肺疫等疾病。

（三）畜群的特异免疫状态

这是影响畜群易感性的一个重要因素。特异性的免疫力来自两个方面：一是该疫病自然流行后耐过的家畜，或经过无症状感染后获得特异性免疫力，所以在某些疾病常发地区，当地家畜的易感性低，或呈隐性感染，如猪气喘病；但若将这种猪引进易感猪群，则可引起该病的急性暴发。另一方面是取决于人工免疫，使猪对某疾病产生一定的抵抗力，这是一项十分重要的工作，猪的许多疾病的防治目前主要靠人工免疫的方法而获得特异性的免疫力。

第四节　猪群的免疫保护

一、免疫保护的原理

（一）免疫器官

猪的免疫器官可分为中枢免疫器官和外周免疫器官。中枢免疫器官由骨髓和胸腺组成，目前有人认为，肠道集合淋巴结也属于中枢免疫器官。外周免疫器官包括脾脏、淋巴结以及消化道、呼吸道和泌尿生殖道的淋巴结。

骨髓既是造血器官，又是中枢免疫器官，T 淋巴细胞（简称 T 细胞）、B 淋巴细胞（简称 B 细胞）等都是由骨髓多能干细胞分化而来的。

胸腺由 2 叶组成，位于胸腔前部的纵隔内，可伸展到颈部直至甲状腺，仔猪出生后，胸腺随着日龄的增长而增大，而到成年后则又逐渐退化、萎缩。胸腺是诱导 T 淋巴细胞分化成熟的场所，来自骨髓的淋巴干细胞经血液循环进入胸腺，在胸腺激素的作用下，分化发育成为 T 细胞。试验表明，当新生仔猪切除胸腺后，血液和淋巴组织中的淋巴细胞明显减少，细胞免疫反应性降低，B 细胞功能受到影响，甚至出现细胞免疫缺陷。

猪的外周免疫器官是 T 细胞、B 细胞定居的场所，对抗原的刺激产生免疫反应，从而产生抗体。脾脏是产生抗体的主要器官，呼吸道和消化道黏膜固有层中的浆细胞，可产生分泌 型免疫球蛋白 A（IgA），发挥黏膜免疫的功能，对经呼吸道和消化道感染的病原，黏膜免疫是十分重要的。

（二）免疫细胞

凡是参与机体免疫反应的细胞统称为免疫细胞，包括各种淋巴细胞、单核吞噬细胞和粒细胞。

T 淋巴细胞的功能是承担机体的细胞免疫，并辅助 B 细胞产生抗体。

B 淋巴细胞的功能是承担机体的体液免疫，即受抗原刺激后，在 T 细胞的辅助下，分化成具有合成和分泌抗体能力的浆细胞，发挥体液免疫的功能。

K 细胞称为杀伤细胞，在抗体的参与下，发挥细胞毒作用，杀伤受病毒感染的细胞和肿瘤细胞。

NK 细胞称为自然杀伤细胞，可独立地直接杀伤病毒感染的细胞和肿瘤细胞。

单核吞噬细胞的主要功能是吞噬病原微生物，贮存、处理抗原物质，传递抗原信息。

粒细胞包括嗜中性、嗜碱性和嗜酸性粒细胞以及肥大细胞，其主要功能是吞噬作用。

（三）免疫应答

猪的免疫系统在抗原（疫苗）的刺激下，产生一系列的免疫反应，例如对抗原物质的识别和处理，抗原递呈，T 细胞和 B 细胞的活化，致敏淋巴细胞、淋巴因子和抗体的产生，以及这些因素参与的清除抗原物质的过程。总的讲，机体的免疫应答包括细胞免疫应答和体液免疫应答两个方面。

猪体通过免疫应答建立对某种病原体的抵抗力。疫苗接种就是使猪产生免疫应答，增强免疫力，防止传染病的发生。

（四）构成免疫力的因素

包括非特异性免疫和特异性免疫两个方面。

非特异性免疫是动物种系发育和长期进化过程中建立起来的天然防御功能。由机体的组织机构和生理功能构成。如健康的皮肤、黏膜和血脑的屏障作用，细胞的吞噬作用，补体成分和干扰素的生物活性作用等。

特异性免疫是动物机体的免疫系统受抗原物质（如疫苗）刺激后产生的对该抗原的特异性抵抗力。主要有以下功能。

1. 抗体

能特异性地中和相应的病毒、细菌及其毒素，抑制病原微生物的生长与繁殖，防止病原微生物经黏膜组织感染，在补体的作用下溶解病原微生物，促进吞噬细胞的吞噬作用，介导淋巴细胞的细胞毒作用等。

2. 致敏淋巴细胞

致敏淋巴细胞是 T 细胞受抗原物质（疫苗）刺激后产生的能发挥免疫功能的效应性淋巴细胞。如 Tc 细胞、Tk 细胞，可特异性杀伤靶细胞（病毒感染细胞、肿瘤等）。

3. 淋巴因子

是由致敏淋巴细胞产生的具有多种免疫活性的物质。虽然在体内其产生量较少，但作用大，能直接或间接地促进免疫活性细胞的分裂增殖，杀伤和破坏靶细胞。

4. 白细胞介素

是在白细胞之间发挥作用的一些细胞因子，具有多种免疫功能。

二、疫苗的概念及工作原理

（一）疫苗的概念

疫苗是接种动物后能产生自身免疫和预防疾病的一类生物制剂，包含细菌性菌苗、病毒性疫苗和寄生虫性虫苗。

（二）疫苗的工作原理

当疫苗接种到动物机体后，刺激动物机体免疫系统，动物机体的抗原提呈细胞将疫苗进行处理、加工和递呈给特异性淋巴细胞（T 和 B 淋巴细胞），然后淋巴细胞对疫苗的识别、活化、增殖、分化最后产生免疫效应分子（抗体和细胞因子）及免疫效应细胞，并最终将疫苗从动物机体中清除，这个过程称为免疫应答。免疫应答有三大特点，一是特异性，即我们用什么样的疫苗只能产生针对这种疫苗的免疫效应分子和免疫效应细胞，例如：我们用猪瘟疫苗免疫猪，猪体内只会产生针对猪瘟病毒的抗体，不会产生针对其他病毒的抗体。二是具有一定的免疫期，就是当我们用疫苗免疫动物后，刺激体内产生的免疫应答会在一定的时期内保护动物不受这种病原的侵袭，不同的疫苗免疫保护期限不同，从数月至数年，甚至终身。三是具有免疫记忆，当疫苗刺激动物机体产生免疫应答的过程中，产生了一类细胞叫免疫记忆细胞，这种细胞具有记忆能力，能识别与注射的疫苗相同的抗原。例如，我们用猪圆环病毒2型灭活疫苗免疫猪后，猪体内就会产生针对猪2型圆环病毒的免疫应答，在此过程中猪体内会产生一类免疫记忆细胞，这类细胞能识别猪2型圆环病毒，平时在体内处在潜伏状态，当猪群受到外来猪2型圆环病毒侵袭时，这种细胞就会很快的识别病毒，使猪体内很快的产生大量的针对病毒的特异性抗体与免疫效应细胞，最后将入侵的病毒予以清除，使机体避免病毒的侵袭。接种疫苗就是运用免疫应答的三大特点，使免疫机体免受病原的侵袭。

三、猪常用疫苗的种类和选择

（一）活疫苗

包括弱毒苗和异源疫苗。大多数弱毒疫苗是通过人工的方法，使强毒在异常的条件下生长、繁殖，使其毒力减弱或丧失，但仍然保持原有的抗原性，并能在体内繁殖。活疫苗是目前生产中使用最多的疫苗种类。具有剂量小，免疫力坚实，免疫期长，较快产生免疫力，对细胞免疫也有良好的作用的优点，但保存期较短，所以为延长保存期多制成冻干苗，有的需在液氮中保存，给贮存、运输带来不便。活苗在体内作用时间短，易受母源抗体和抗生素的干扰。异源疫苗是用具有共同保护性抗原的不同病毒制备成的疫苗。

（二）灭活疫苗

病原微生物经过物理或化学方法灭活后，仍然保持免疫原性，接种后使动物产生特异性抵抗力，就叫灭活苗。由于含有防腐剂，不易杂菌生长，因此具有安全、易于保存、运输的特点。由于被灭活的微生物不能在体内繁殖，因此接种所需的剂量较大，免疫期短，免疫效果次于活疫苗，灭活苗释放抗原缓慢，主要适用于体液免疫为主的传染病。需要加入佐剂来增强免疫效果，佐剂能促进细胞免疫。常见的有组织灭活苗、油佐剂灭活苗和氢氧化铝灭活苗。

病变组织灭活苗是用患病动物的典型病变组织，经研磨、过滤等处理后，加入灭活剂灭活后制备成的。多作为自家疫苗用于发病本场，对病原不明确的传染病或目前无疫苗的疫病有很好的作用。无论病变组织灭活苗还是鸡胚组织灭活苗，在使用前都应做无菌检查，合格的方可使用。

油佐剂灭活苗是以矿物油为佐剂与经灭活的抗原液混合乳化而成，有单相苗和双相苗之分。油佐剂灭活苗的免疫效果较好，免疫期也较长，生产中应用广泛。双相苗比单相苗抗体上升快。氢氧化铝灭活苗是将灭活后的抗原加入氢氧化铝胶制成的，具有价格低、免疫效果好的特点，缺点是难以吸收，在体内形成节结。

（三）提纯的大分子疫苗

多糖蛋白结合疫苗：是将多糖与蛋白载体（一些细菌类毒素）结合制成。

类毒素疫苗：将细菌外毒素经甲醛脱毒，使其失去致病性而保留免疫原性。例如，肉毒类毒素，致病性大肠杆菌肠毒素等都可用作疫苗生产。

亚单位疫苗：是从细菌或病毒抗原中，分离提取某一种或几种具有免疫原性的生物活性物质，除去不必要的杂质，从而使疫苗更为纯净。

（四）生物技术疫苗

基因缺失疫苗：利用基因工程技术将强毒株毒力相关基因部分或全部切除，使其毒力降低或丧失，但不影响其生长特性的活疫苗。这类疫苗安全性好，免疫接种与强毒感染相似，机体可对病毒的多种抗原产生免疫应答；它的免疫期长，致弱所需的时间短，免疫力坚实，是较理想的疫苗。这方面最成功的是伪狂犬病毒 TK 基因缺失苗，是 FDA（食品和药物管理局）批准的第一个基因工程疫苗。无论是在环境中还是对动物，都比常规疫苗安全。

生物技术疫苗还包括基因工程重组亚单位疫苗、核酸疫苗、转基因

疫苗等。其中，大肠杆菌基因工程苗在养猪生产中得到广泛的应用。

四、猪场免疫程序的制定

猪场的免疫程序并不是固定不变的，每个猪场都要根据当地猪病流行情况制定或调整本场的免疫程序，制定猪场免疫程序时需要综合考虑各方面的因素。

（一）免疫特定时间

疫苗的免疫时间有前有后，如何确定优先次序？在现代集约化养殖条件下，应该根据猪的生理和免疫特性以及传染性疾病的发病规律，确定最适于免疫接种的时间，而且某种疾病最适于免疫的时间段是有限的，暂且称之为免疫特定时间。这种限制对于仔猪尤其严格，一般认为0~70日龄是最为有效的免疫时间，而且通常要在7~45日龄完成所有的基础免疫，这就更加限制了免疫特定时间的范围；种猪的免疫特定时间相对比较宽松。

（二）免疫优先次序

一个猪场通常需要接种多种疫苗，半数以上疫苗需要加强免疫1~2次，因而导致狭小的免疫特定时间段非常拥挤，有的猪场甚至缩短免疫间隔，以安排更多的接种次数。这样往往会导致免疫失败。因此如何合理选择疫苗和安排疫苗的免疫次序，显得非常重要。所谓免疫优先次序，是指猪场依据当地的疾病流行状况，选择哪些疫苗是必须接种且要优先考虑的、哪些是次要的、而哪些是可以不接种的，以期合理有效地利用有限的免疫特定时间，使所接种的疫苗能发挥最大的保护效力。临床上，病毒性疾病的流行，往往引起细菌性病原的继发感染，导致高发病率和高死亡率。因此，一般来说病毒病疫苗要优先免疫。

猪用疫苗按注射接种后产生免疫力的可靠程度及危害分为以下三种。

1. 必须接种疫苗

又叫基础免疫疫苗。如猪瘟疫苗、圆环病毒疫苗、口蹄疫疫苗、细小病毒疫苗、伪狂犬疫苗、乙脑疫苗。

2. 选择接种疫苗

根据当地当时本猪场可能发生或正在发生的疫病选择接种的疫苗，如链球菌疫苗、支原体疫苗、流行性腹泻与传染性胃肠炎疫苗等。

3. 慎选接种疫苗

指接种后免疫效果不可靠，目前兽医学界专家争论较大，免疫后可能引起危害甚至灾难性后果的疫苗，如蓝耳病弱毒疫苗。

通常认为，在使用2种以上弱毒苗时，应相隔适当的时间，以免因免疫间隔太短，导致前一种疫苗影响后一种的免疫效果。病毒之间的相互干扰，可能因先接种病毒诱导产生的干扰素，抑制了后接种的病毒。如副黏病毒疫苗和冠状病毒疫苗之间的相互干扰。因此，免疫过于频繁，致使免疫间隔过短，会发生免疫效果低下，甚至免疫失败。

（三）动物健康及营养

动物体质较弱或者维生素、微量元素、氨基酸缺乏都会使免疫能力下降。维生素A对免疫力的强弱有很重要的作用，如果维生素A缺乏会导致动物淋巴器官萎缩，T细胞吞噬能力下降以及B细胞产生抗体能力下降。维生素E和硒能增加T细胞的增殖，锌对于保持淋巴细胞的正常功能有重要作用，锌缺乏可以导致胸腺退化。抗体的化学本质是免疫球蛋白，氨基酸的缺乏会使免疫球蛋白的合成能力下降，特别是苏氨酸在妊娠母猪免疫球蛋白合成上十分重要，如果缺乏会影响母猪血浆中免疫球蛋白的浓度。营养不良的动物极易发生免疫失败的现象。

（四）环境因素

包括环境温度、湿度、通风情况、卫生情况等。如果环境过热、过冷、湿度大、通风不良都会使动物出现应激反应，使动物的免疫应答能力下降，接种疫苗后不能得到良好的效果，细胞免疫应答减弱，抗体水平低下。如果卫生条件好，消毒全面科学，就会大大减少动物发病的机会，即使抗体水平不高也能保护动物不发病。如果环境差，就会存在大量的病原微生物，抗体水平比较高的动物也存在发病的可能性。虽然经

过多次免疫后，动物会获得很高的免疫力，但多次免疫会使动物的生产性能下降。

（五）母源抗体

母源抗体对保护新生动物免受早期感染具有不可替代的作用，但母源抗体也可干扰小动物主动免疫的产生，特别是免疫程序不当的时候。母源抗体对弱毒苗的影响大于对灭活苗的影响。如果在首免时，动物存在较高的母源抗体，就会极大地影响疫苗的免疫效果。所以对有母源抗体干扰的疫苗，要根据母源抗体水平来确定首免日龄。

（六）合理选择细菌性疫苗

细菌性疾病的感染十分复杂，一些病原细菌的流行血清型很多，如猪放线杆菌，至少有 12 种血清型，其中至少有 5 种血清型具有很强的毒力，然而不同血清型疫苗的交叉保护并不理想。因此在选择细菌性疫苗时，必须充分了解本场、本地区的疾病流行情况以及相关病原细菌血清型的流行情况，尽量做到不接种无效的细菌疫苗。当然，只针对本场、本地区的流行血清型，接种相应的细菌疫苗，几乎是不可能的。一方面猪场并不了解当地的细菌血清型流行情况，而统计并跟踪病原血清型变化规律，需要专业的技术人员和专业的实验室，长期系统的工作并不断公布数据信息，在我国现阶段，没有任何机构开展这方面的工作。另一方面，细菌疫苗的种类虽然很多，但依然不能覆盖所有可能的致病血清型。此外，病毒性病原对疫苗佐剂及细菌疫苗接种的应激反应，同样不可忽视。例如，接种支原体灭活疫苗，就有可能激发圆环病毒的大量复制，导致严重的发病过程和免疫抑制，而一般猪场圆环病毒的感染十分普遍，因此使用支原体疫苗前，就必须衡量、监测或考察猪场的圆环病毒感染情况。

（七）需要考虑免疫抑制性因素

只有健康的猪才能针对疫苗产生最佳的特异性免疫反应。当前许多猪场都存在多种免疫抑制性因素，包括免疫抑制性病原的感染，饲料中的霉菌毒素等。

1. 免疫抑制性病原的感染

① 猪繁殖与呼吸综合征（蓝耳病）病毒的早期感染能增加抑制性 T 细胞的分化，从而抑制正常的免疫细胞的增殖，造成机体细胞免疫抑制。

② 圆环病毒易造成对机体的多种淋巴组织的损伤，从而影响 T 细胞、B 细胞的分化和增殖，和蓝耳病病毒一样影响机体的细胞和体液免疫功能，造成机体对其他抗原的免疫抑制。

③ 伪狂犬病病毒在白细胞中的复制，同其他疱疹病毒一样，隐性感染率很高，病毒可长期存活于扁桃体与神经节中，疫苗接种后虽可防止母猪发生繁殖障碍，但尚不能证明其能遏制隐性感染。

④ 猪瘟病毒的感染可使胸腺萎缩，影响细胞免疫效应。猪瘟弱毒株可引发持续感染，造成特异免疫耐受，导致中和性抗体水平降低。

⑤ 牛病毒性腹泻病毒（BVDV）在疫苗制造过程中，可能因犊牛血清污染了该病毒，造成了疫苗的污染，使得疫苗使用后造成机体胸腺萎缩，影响细胞免疫效应。

2. 饲料中霉菌毒素的污染

饲料往往受到各种霉菌毒素的污染而导致免疫抑制。有研究表明，黄曲霉毒素、单端孢霉素类的烯 T-2 呕吐毒素、赭曲霉毒素 A 都会导致免疫抑制，而这种作用往往在很小的剂量下就会发生。

（八）免疫需要营养物质做基础

无论是免疫中产生的免疫球蛋白，还是细胞反应中的白细胞数增加，均要消耗相当数量的营养物质，特别是蛋白质与能量。接种疫苗种类越多，所消耗的营养物质越多，尤其是加强免疫所产生的大量抗体，更需要大量的营养物质。因此，在猪群有限的免疫空间里，制定科学合理的免疫程序，减少接种不必要的疫苗，降低免疫反应所消耗的营养物质，有利于猪的生长与繁殖。

五、猪免疫接种的途径及方法

接种疫苗的方法有滴鼻、点眼、刺种、注射、饮水和气雾等，应根据疫苗的类型、疫病特点及免疫程序来选择每次免疫的接种途径。例如，死苗、类毒素和亚单位苗不能经消化道接种，一般用于肌肉或皮下注射。滴鼻和点眼免疫效果较好，仅用于接种弱毒疫苗，苗毒可直接刺激眼底哈氏腺和结膜下弥散淋巴组织，引起免疫应答。饮水免疫是最方便的疫苗接种方法，但效果较差。刺种与注射也是常用的免疫方法，适于某些弱毒苗；灭活苗的免疫必须用注射的方法进行。气雾免疫分喷雾免疫和气溶胶免疫两种方式。对猪来说，最常用的疫苗接种方法是肌内注射，在超前免疫时有时会用滴鼻或点眼。

六、影响猪免疫效果的因素

（一）根据本场实际情况，制定适合的免疫程序

疫苗使用前应检查其名称、厂家、批号、有效期、物理性状、贮存条件等是否与说明书相符。明确其使用方法及有关注意事项，并严格遵守，以免影响效果。对过期、瓶塞松动、无批号、油乳剂破乳、失真空及颜色异常或不明来源的疫苗均禁止使用。

（二）注射过程应严格消毒

注射器、针头等器具应洗净煮沸 30 分钟后备用，一猪一个针头，防止交叉感染。注射器刻度要清晰，不滑杆，不漏液；注射的剂量要准确；进针要稳，拔针宜速，不得打"飞针"，以确保疫苗液真正足量地注射于肌内或皮下。

（三）使用前要对猪群的健康状况进行认真的检查

被免疫猪只必须是健康无病的，否则易引起死亡并达不到预期的免疫效果。

（四）现用现配

冻干苗自稀释后 15℃以下 4 小时、15~25℃ 2 小时、25℃以上 1

小时内用完，最好是在不断冷链的情况下（约8℃）两小时内用完。油乳剂灭活苗和铝胶疫苗冷藏保存的要升高到室温，当天内用完，过期不能使用。有专用稀释液的，要用专用的稀释液稀释疫苗。疫苗接种完毕后，将用过的疫苗瓶及接触过疫苗液的瓶、皿、注射器等进行消毒处理。

（五）防止药物对疫苗接种的干扰和疫苗间的相互干扰

在注射病毒性疫苗的前后3天严禁使用抗病毒的药物和带畜消毒，两种病毒性活疫苗的使用要间隔7~10天，减少相互干扰。病毒性活疫苗和灭活疫苗可同时分开使用。注射活菌疫苗前后5天严禁用抗生素，两种细菌性活疫苗可同时使用。抗生素对细菌性灭活疫苗没有影响。

（六）注意母源抗体干扰

现在动物接种疫苗较多，成年母畜禽通过奶或蛋将抗体传给幼畜禽，会干扰幼畜禽免疫。母源抗体有消长规律，如猪瘟在仔猪生后20多天母源抗体就会消失，应该在母源抗体消失前，20日龄时首免，为克服母源抗体干扰，可4倍量使用，4~7天产生免疫力，60日龄时二免，1倍量。进行两次免疫的原因为第一次免疫的免疫应答期长，产生的抗体水平不高，免疫期短，必须隔一段时间加强免疫一次。第二次免疫后，免疫应答期较第一次短，产生的抗体水平高，免疫期长。注意不能等第一次抗体水平消失后再免疫，必须在将要下降时免疫，不要产生免疫空白期。

（七）注意免疫过敏

免疫时，有时因为疫苗或猪只的问题产生过敏现象，因此在全群免疫前，先免疫几头猪进行试验，如无过敏现象再进行全群免疫。因为在注射疫苗时会出现过敏反应（表现为呼吸急促、全身潮红或苍白等），所以每次接种时要带上肾上腺素、地塞米松等抗过敏的药备用。

（八）病畜禽紧急接种顺序

先健康，后假定健康，最后病畜禽。注意有病的不活泼，抓猪时它不乱跑，这样的留到最后免疫。

（九）空疫苗瓶不能乱放，防散毒，要作无害化处理

天气突变、转群、应激情况暂时不免；免疫当天一定饮用好的电解多维；定期搞好免疫抗体检测，评估效果；保存好购买疫苗的发票，做好疫苗留样，为可能的纠纷提供证据，并及时填好免疫记录，做好免疫标识。

（十）免疫接种时要保证垂直进针

这样可保证疫苗的注射深度，同时还可防止针头弯折。肌内注射时注意针头大小的选择。不同大小的猪要选择对等的针头（表3-1）。

表3-1　不同时期的猪所对应的针头大小

阶段	针头长度（毫米）	阶段	针头长度（毫米）
哺乳仔猪	9×10	育成、育肥猪，后备母猪、公猪	16×38
断奶仔猪	12×20　16×20（黏稠疫苗如口蹄疫疫苗）	基础母猪、公猪	16×45

注：1. 实际操作时，应根据猪的体重进行选择。推荐使用5种型号：9×10，12×20，16×20，16×38和16×45。

2. 基础母猪体重偏小，在选用16×45感觉略长时，也可选用16×38。

3. 育成、育肥猪、后备母猪、公猪通常选择16×38，也可选用16×25。

第五节　猪病的综合防制措施

一、猪场的正确选址与合理布局

新建猪场必须经县以上动物防疫部门业务论证，符合动物防疫条件后，方可实施。猪场应建在水源充足、水质良好、排水方便、远离空气环境污染、距公路、河流、村镇、工厂、学校等500米以外的地势较高处。猪场周围应筑围墙，同时设清除粪便、污物和病死猪的专用出口或通道。有条件的墙外设防水沟，造防护林带。生产区与行政管理、生活区应严格分开，生产区处于下风头。在生产区内，母猪、公猪、仔猪、商品猪应分开饲养，猪舍栋间距应为30米左右；猪舍建筑既要利于通风保暖，又要便于清洗消毒；饲料调配、贮存间和母猪舍、分娩室应建在上风头，兽医室、病猪隔离舍、病死猪无害化处理和粪便处理场，都应建在下风头，并与生产区保持一定距离；粪便发酵池或堆积发酵的粪场应设在猪场围墙之外。猪场大门应建宽于门口、长于汽车轮一周半的水泥结构的消毒池；生产区门口须建更衣、消毒室及宽于门口、长于汽车轮一周半的消毒池；猪舍入口应建宽于门口、长1.5米的消毒池。

二、猪场环境的控制与优化

饲养人员应掌握动物卫生基本常识，尽职尽责坚守工作岗位。定期进行猪舍、用具的清洗、消毒工作，还要搞好猪舍内外环境治理，保持环境、用具清洁卫生，及时清除猪舍及其周围环境的废污，做好除蚊灭鼠工作。要保持猪舍通风良好，光线充足，室内清洁干燥，温湿度适宜。另外，搞好猪场环境的绿化美化工作，营造一个优美的工作环境，可以在猪场周围和场区空闲地进行植树种草（包括蔬菜、花草、灌木等），可以明显改善猪场小气候，起到降温、除尘、增湿和清新空气的作用，非常有利于维护猪的健康。

三、科学完善的饲养管理

饲养管理方面，首先要按年龄、性别、用途等及时、科学、合理地将猪分群饲养，其次要根据不同发育时期的营养需要，确定科学、经济的饲养标准，提供优质全价的饲料。再次是要采取科学的饲养方法，确保猪的正常发育和健康，提高猪的生产性能，增强猪体的抗病能力，减少疾病的发生。尤其是仔猪的管理方面，一定要注意防寒保暖、早吃初乳、适当补铁和科学断奶等工作。

疾病监测方面，猪场的兽医技术人员，应充分利用兽医室的仪器设备和技术，定期对猪场的传染病和寄生虫病进行检疫和监测，同时观察猪群精神、运动、采食、饮水及粪便情况，结合饲养员的报告，及时将异常变化的猪剔出，送隔离舍观察，进行确诊和处理。对病死猪及时进行解剖、化验，做好记录，了解疫情动态。特别在猪场周围有疫情时，更应提高警惕。对于有条件的猪场，还可以开展特定病原的净化工作，建立无特定病原猪群。

猪场最好实行自繁自养，避免引猪将病带入。必须引种的，必须做好引种前后的检疫工作，同时坚持全进全出的生产流程，改善动物福利，将预防保健的理念落实在每个生产环节中。

四、制定科学合理的免疫规程

好的猪场不仅要有良好的疫苗和规范的接种技术，而且还要有合理的免疫程序，否则好的疫苗仍不能充分发挥应有的作用。因为，一个地区、一个猪场可能发生多种传染病，而可以用来预防这些传染病的疫苗的性质又不尽相同，有的免疫期长，有的免疫期短，因此免疫程序应该根据当地疫病流行的情况及规律，猪的用途、日龄、母源抗体水平和饲养管理条件以及疫苗的种类、性质等方面的因素来制定。不能作硬性统一规定。所制定的免疫程序还可根据具体情况随时调整。

五、发生传染病时的紧急处置措施

当猪群发生疑似传染病时，必须及时隔离，尽快确诊，并逐级上报，病因不明或剖检不能确诊时，应将病料送交有关部门检验诊断。一旦确诊为传染病后，应尽快采取紧急措施，根据传染病的种类，划定疫区进行封锁。对全场猪只进行仔细的检查，病猪及可疑猪应立即分别隔离、观察和治疗，尽可能缩小病猪的范围。同时全场进行紧急消毒，对尚未发病的猪只及其他受威胁的猪群，要紧急预防接种或进行药物预防，并加强观察，注意疫情动态。

值得注意的是，被传染病污染的场地、用具、工作服和其他污染物等都必须彻底消毒，粪便及垫草应予烧毁。消毒时，先将圈舍的粪尿污物清扫干净，铲去表层土壤（水泥地面的应清洗干净），再用消毒药液消毒。

另外，屠宰病猪应在指定地点进行，屠宰后的场地、用具及污染物必须进行严格消毒和彻底清除。病猪的尸体不能随便乱抛，更不能宰食，必须烧毁、深埋或化制后作工业原料等。运尸体的车辆、设备、用具和接触人员及工作服必须严密消毒。

六、猪免疫抑制性疾病的防控策略

近年来，我国规模化养猪业的快速发展，产业化水平不断提高，取得了世所瞩目的成绩，但与此同时，各类猪病也有蔓延扩大之势，尤其是能导致机体对外来抗原应答能力降低或消失的各种免疫抑制性疾病，使得个体免疫机制下降或丧失，大幅增加了猪群的发病率和治疗难度，给养猪业带来很大的经济损失。造成畜禽免疫抑制的因素很多，传染性因素和非传染性因素往往交织在一起，相互促进，互为因果，从而使各种疾病的病因变得非常复杂，这也是目前养猪生产中猪病高发的根本原因所在，因此，采取综合措施，加强对各类免疫抑制性疾病的预防有着重要的意义。

（一）猪的免疫抑制性疾病种类及危害

造成动物免疫抑制的原因和表现多种多样，大致可分为传染性因素和非传染性因素两方面。引起猪免疫抑制的传染性疾病比较多，最常见有：猪繁殖与呼吸综合征、猪流感、伪狂犬病、猪瘟、猪细小病毒病和

猪圆环病毒病。这些都被认为与免疫抑制有密切关系。此外，还有猪传染性胸膜肺炎、猪沙门氏菌病、猪大肠杆菌病、猪附红细胞体病、猪支原体肺炎和猪弓形体病等细菌性疾病。非传染性因素导致的免疫抑制比较复杂，常见的有：具有免疫抑制作用的化学药物引起的免疫抑制、营养不良引起的免疫抑制、饲料霉菌毒素污染引起的免疫抑制、各种应激因素引起的免疫抑制、免疫程序不当引起的免疫抑制及遗传因素导致的免疫力低下等。

免疫抑制一方面使疫苗接种不能达到预期免疫效果，导致免疫失败。另一方面免疫抑制导致畜禽对其他感染性疾病的易感性增加，从而引起生产性能下降，甚至死亡。对于规模化猪场来说，传染性因素引起的免疫抑制和继发的隐性免疫抑制危害最大，正确了解免疫抑制发生的原因，积极做好预防工作，将有助于有效地预防免疫抑制性疾病的发生。

（二）免疫抑制性疾病的防控策略

引起免疫抑制的因素是多方面的，所以应根据不同原因分别采取相应的措施，对症下药，尽可能消除、控制或减少引起免疫抑制的原因和疾病，确保畜禽健康，减少疾病，提高生产水平，增加经济效益。平时也要从多方面入手做好预防工作。

1. 做好防疫工作，完善免疫监测

防疫工作是当前预防免疫抑制性疾病最为切实可行的措施，建立健全防疫制度，全面贯彻综合防制措施，不断提高防疫人员专业技能，严格防疫操作规程。一方面，根据本地区或本场疫病流行情况和本场实际，制定科学合理的免疫程序，另一方面，正确选择和使用疫苗，疫苗接种操作方法正确与否直接关系到疫苗免疫效果的好坏，应当严格按照疫苗使用说明书使用。定期进行环境病原体监测和动物抗体水平监测，做到防患于未然。

2. 搞好环境卫生，创造动物健康生产的大环境

环境污染是引起疫病流行传播的重要因素之一，随着养殖业的发展，许多养殖场环境污染日益严重，成为许多免疫抑制性疾病滋生的条

件，因此应做好定期消毒工作和加强养殖场环境监控，严格遵守防疫制度，限制人员、动物和运输工具进出养殖场；定期杀虫、灭鼠，进行粪便无害化处理；对发病和病死畜禽，要严格处理，防止疫病扩散；同时做好养殖场周边环境的绿化和清洁。

3. 加强饲养管理，确保营养的全面和平衡

针对畜禽生长发育的不同阶段，提供全价平衡的日粮；做好畜舍的夏季通风降温和冬季保暖工作，实行全进全出的饲养制度，减少各种可能的环境应激；合理使用各种畜禽用药，对于各种疾病争取做到早发现早治疗，同时避免各种物理性损伤，保证机体基础健康水平。最后，还可以采取综合措施保持和提高畜禽的免疫力从而增加机体的抗病力。

4. 推广绿色环保的中草药免疫增强剂

由于大多数造成免疫抑制现象的因素都直接或间接损害了机体的免疫器官，所以目前人们着眼于使用各种绿色环保的中草药作为免疫增强剂来防止免疫抑制的发生，这些中草药往往含有多糖类（黄芪多糖、香菇多糖、灵芝多糖、柴胡多糖、当归多糖、茯苓多糖、红枣多糖、壳聚糖等）、有机酸类（甘草酸、亚油酸、亚麻酸、二十四碳六烯酸等）、生物碱类（小檗碱、苦参碱和豆草总碱等）、苷类（人参皂苷、黄芪苷、淫羊藿苷和柴胡皂苷等）和挥发油类（硫化物、萜类及芳香族化合物等）等具有免疫激活和促进的作用的活性物质，这些植物源性免疫增强剂不仅可以提高机体自身特异性免疫和非特异性免疫反应，增强机体的抗病能力，而且绿色环保，健康安全。

5. 结合生产实际，推广发酵床养猪新技术

一些养猪新技术也可以有效防控猪免疫抑制性疾病的发生。发酵床养猪技术是近年来大力推广的一种环保型养猪新模式，在发酵床的垫料层中，有益功能微生物占绝对优势，在将粪便发酵分解为菌体蛋白和微量元素的同时，也释放着大量的热量，使中心发酵层温度基本维持在50℃左右，这种温度和菌群结构使一些病原根本无法生存，从而有效改善了猪舍内环境，有利于猪免疫水平保持在最佳状态。

6. 添加各种益生素

益生素，也叫益生菌或微生态制剂，如乳酸杆菌、双歧杆菌、芽孢

杆菌和酵母菌等，因其功效独特、无污染、无药残以及无毒副作用等优点而得到了普遍的认可。益生素不仅具有抗应激和提高生长性能的作用，而且是抗生素最好的替代品和良好的免疫激活剂，通过刺激免疫系统，激活机体体液免疫和细胞免疫功能，提高机体抗病能力。一些化学益生素，比如寡糖、多聚糖及丁酸钠等也具有类似的作用，养猪生产中适当应用益生素将有助于整个猪群健康水平的提高。

第四章　猪常见病的防控方法

第一节　常见病毒性疾病的防控

一、猪瘟

猪瘟早年又称猪霍乱，是由猪瘟病毒引起的一种高度接触传染和致死性的病毒性疾病，是严重威胁养猪业发展的重大传染病之一。

（一）病原

猪瘟病毒属 RNA 型病毒，是黄病毒科瘟病毒属的一个成员。其直径为 40 纳米左右，呈圆形或六角形体，中心系 RNA 所组成的螺旋状体，外有包囊。病毒存在于猪的各种组织器官和血液中，一般认为红细胞含毒量高，白细胞含毒量较少。含毒量最高的是脾脏，约为血液的10 倍。淋巴中含毒量比脾脏略低。红骨髓、肝和肾等含毒量接近于血液。干燥易于毁灭病毒。血液中的病毒在室温里可存活 2~3 个月；在骨髓里的病毒可生存 15 天左右；冷冻猪肉中其毒力能保持 90~225 天。粪尿及内脏的病毒，可在 2~3 天内因腐败作用而迅速死亡；直射阳光经 5~9 小时，不能使病毒丧失其致病力；煮沸能迅速杀死病毒。满意的消毒药为 2% 氢氧化钠热溶液。

（二）流行特点

在自然条件下，猪和野猪是本病的唯一宿主。病猪是主要的传染源。强毒感染猪在发病前可从口、鼻、眼分泌物、尿及粪中排毒，并延续到整个病程。低毒株的感染猪排毒期较短。若感染妊娠母猪，则病毒可侵袭子宫内的胎儿，造成死产或产弱仔，分娩时排出大量病毒，而母猪本身无明显症状。如果这种先天感染的胎儿正常分娩，且仔猪健活数月，则可成为散布病毒的传染源。

猪群暴发猪瘟多数由感染猪瘟病毒而未发病的猪群，也可通过病猪肉或未经煮沸消毒的含毒残羹而传播。人和其他动物可机械地传播病毒。主要的感染途径是口腔、鼻腔，也可通过结膜感染。

猪瘟的发生无季节性，各种品种、年龄和性别的猪均易感。强毒感染时发病率和病死率极高，各种抗菌药物治疗无效。

（三）临床症状

潜伏期 5~7 天，短的 2 天发病，长的 21 天发病。根据症状和其他特征，可分为急性、慢性、迟发性和温和性 4 种类型。

1. 急性型

病猪高度沉郁，减食或拒食，怕冷挤卧，体温持续升高至 41℃左右。先便秘，粪干硬呈球状，带有黏液或血液，随后下痢，有的发生呕吐。病猪有结膜炎，两眼有多量黏性或脓性分泌物。步态不稳，后期发生后肢麻痹。皮肤先充血，继而变成紫绀，并出现许多小出血点，以耳、四肢、腹下及会阴等部位最为常见。少数病猪出现惊厥、痉挛等神经症状。病程 10~20 天死亡。

2. 慢性型

初期食欲不振，精神委顿，体温升高，白细胞减少。几周后食欲和一般症状改善，但白细胞仍减少。继而病猪症状加重，体温升高不降，皮肤有紫斑或坏死，日渐消瘦，全身衰弱，病程 1 个月以上，甚至 3 个月。

3. 迟发性型

是先天性感染低毒猪瘟病毒的结果。胚胎感染低毒猪瘟病毒后，如产出正常仔猪，则可终生带毒，不产生对猪瘟病毒的抗体，表现免疫耐受现象。感染猪在出生后几个月可表现正常，随后发生减食、沉郁、结膜炎、皮炎、下痢及运动失调症状，体温正常，大多数猪能存活6个月以上。

先天性的猪瘟病毒感染，可导致流产、木乃伊胎、畸形、死产、产出有颤抖症状的弱仔或外表健康的感染仔猪。子宫内感染的仔猪，皮肤常见出血，且初生猪的死亡率很高。

4. 温和型

病情发展缓慢，病猪体温一般为40~41℃，皮肤常无出血小点，但在腹下部多见瘀血和坏死。有时可见耳部及尾处皮肤坏死，俗称干耳朵、干尾巴。病程2~3个月。温和型猪瘟是目前生产中最常见的猪瘟。

（四）病理变化

急性猪瘟呈现以多发性出血为特征的败血病变化。在皮肤、浆膜、黏膜、淋巴结、肾、膀胱、喉头、扁桃体、胆囊等处都有程度不同的出血变化。一般呈斑点状，有的出血点少而散在，有的星罗棋布，以肾（图4-1）和淋巴结出血最为常见。淋巴结肿大，呈暗红色，切面呈弥散性出血和周边性出血，如大理石样外观，多见于腹腔淋巴结和颌下

图4-1 肾脏出血

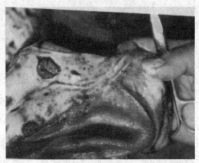

图4-2 胃底出血

淋巴结。肾脏色彩变淡，表面有数量不等的小出血点。胃尤其是胃底出血、溃疡（图4-2）。脾脏的边缘常可见到紫黑色突起（出血性梗死），这是猪瘟有诊断意义的病变。慢性猪瘟的出血和梗死变化较少，但回肠末端、盲肠，特别是回盲口，有许多的轮层状溃疡（纽扣状溃疡）（图4-3，图4-4）。

图4-3　回盲口溃疡　　　　　图4-4　回盲瓣纽扣状溃疡

（五）诊断

1. 实验室检查

主要是检查病毒抗原。采取死猪的脾和淋巴结，或病猪的扁桃体，迅速送实验室做直接荧光抗体试验或酶标抗体试验，这些方法简单、快速、可靠。但不能区分猪瘟病毒与牛病毒性腹泻病毒，最好使用仅对猪瘟病毒而不对牛病毒性腹泻病毒发生反应的单抗作为标记抗体。在条件允许的情况下，可进行家兔接种试验。6小时测温1次，连续3天，如果被接种家兔体温升高0.5~1.0℃以上，则可以确诊为猪瘟。

为了确定最佳免疫接种时机，检测母源抗体或免疫水平时，可用荧光抗体血清中和试验、酶联免疫吸附试验或间接血凝试验，抗体滴度在1∶16以下时，应立即注射猪瘟兔化弱毒冻干疫苗。

2. 鉴别诊断

临床上急性猪瘟与急性猪丹毒、最急性猪肺疫、败血性链球菌病、猪副伤寒、猪黏膜病毒感染、弓形虫病有许多类似之处，其区别要点如下。

（1）**急性猪丹毒**　多发生于夏天，病程短，发病率和病死率比猪瘟低。体温很高，但仍有一定食欲。皮肤上的红斑，指压褪色，病程较长时，皮肤上有紫红色疹块。眼睛清亮有神，步态僵硬。死后剖检，胃和小肠有严重的充血、出血；脾肿大，呈樱桃红色；淋巴结和肾瘀血肿大。青霉素等治疗有显著疗效。

（2）**最急性猪肺疫**　气候和饲养条件剧变时多发，病死率比猪瘟低，咽喉部急性肿胀，呼吸困难，口鼻流泡沫，皮肤蓝紫，或有少数出血点。剖检时，咽喉部肿胀出血；肺充血水肿；颌下淋巴结出血，切面呈红色；脾不肿大。抗菌药治疗有一定效果。

（3）**败血性链球菌病**　本病多见于仔猪。除有败血症状外，常伴有多发性关节炎和脑膜脑炎症状，病程短。剖检见各器官充血、出血明显。心包液增量；脾肿大；有神经症状的病例，脑和脑膜充血、出血，脑脊髓液增量、浑浊，脑实质有化脓性脑炎变化。抗菌药物治疗有效。

（4）**急性猪副伤寒**　多见于2~4月龄的猪，在阴雨连绵季节多发，一般呈散发。先便秘后下痢，有时粪便带血，胸腹部皮肤呈蓝紫色。剖检肠系膜淋巴结显著肿大；肝可见黄色或灰色小点状坏死；大肠有溃疡；脾肿大。

（5）**慢性猪副伤寒**　与慢性猪瘟容易混淆。其区别点是：慢性副伤寒呈顽固性下痢，体温不高，皮肤无出血点，有时咳嗽。剖检时，大肠有弥漫性坏死性肠炎变化，脾增生肿大；肝、脾、肠系膜淋巴结有灰黄色坏死灶或灰白色结节，有时肺有卡他性炎症。

（6）**猪黏膜病毒感染**　黏膜病毒与猪瘟病毒同属瘟病毒属，主要侵害牛，猪感染后，多数没有明显症状或无症状。部分猪可出现类似温和型猪瘟的症状，难以区别，需采取脾、淋巴结做实验室检查。

（7）**弓形虫病**　弓形虫病也有持续高热、皮肤紫斑和出血点、大便干燥等症状，容易同猪瘟相混。但弓形虫病呼吸高度困难，磺胺类药治疗有效。剖检时，肺发生水肿，肝及全身淋巴结肿大，各器官有程度不等的出血点和坏死灶。采取肺和支气管淋巴结检查，可检出弓形虫。

（六）防治措施

1. 预防

（1）平时的预防措施　提高猪群的免疫水平，防止引入病猪，切断传播途径，严格按照免疫程序接种猪瘟疫苗，是预防猪瘟发生的重要措施。

（2）流行时的防治措施

① 封锁疫点。在封锁地点内停止生猪及猪产品的集市买卖和外运，最后1头病猪死亡或处理后3周，经彻底消毒，可以解除封锁。

② 处理病猪。对所有猪进行测温和临床检查，病猪以急宰为宜，急宰病猪的血液、内脏和污物等应就地深埋。污染的场地、用具和工作人员都应严格消毒，防止病毒扩散。可疑病猪予以隔离。对有带毒综合征的母猪，应坚决淘汰。这种母猪虽不发病，但可经胎盘感染胎儿，引起死胎、弱胎，生下的仔猪也可能带毒，这种仔猪对免疫接种有耐受现象，不产生免疫应答，而成为猪瘟的传染源。

③ 紧急预防接种。对疫区内的假定健康猪和受威胁区的猪群，立即注射猪瘟兔化弱毒疫苗，剂量可增至常规量的6~8倍。

④ 彻底消毒。病猪圈、垫草、粪水、吃剩的饲料和用具均应彻底消毒，最好将病猪圈的表土铲出，换上一层新土。在猪瘟流行期间，对饲养用具应每隔2~3天消毒1次，碱性消毒药均有良好的消毒效果。

2. 治疗

尚无有效的治疗药物，用高免血清治疗有一定效果。

二、猪口蹄疫

口蹄疫是口蹄疫病毒感染引起的牛、羊、猪等偶蹄动物共患的一种急性、热性传染病，是一种人畜共患病。本病毒有甲型（A型）、乙型（O型）、丙型（C型）、南非1型、南非2型、南非3型和亚洲1型等7个血清主型，每个主型又有许多亚型。由于本病传播快、发病率高、传染途径复杂、病毒型多易变，而成为近年来危害养猪业的主要疫病之一。

（一）病原

口蹄疫病毒属微核糖核酸科口蹄疫病毒属，体积最小。病毒粒子呈 20 面体对称，直径 20~23 纳米。口蹄疫病毒对外界环境的抵抗力很强，不怕干燥，在自然条件下，含病毒的组织与污染的饲料、饲草、皮毛及土壤等保持传染性达数周至数月之久。粪便中的病毒，在温暖的季节可存活 29~60 天，在冻结条件下可以越冬。但对酸和碱十分敏感，易被碱性或酸性消毒药杀死。

（二）流行特点

本病主要侵害牛、羊、猪及野生偶蹄动物，人也可感染。主要传染源是患病家畜和带毒动物。传染途径为水疱液、排泄物、分泌物、呼出的气体等途径向外排散感染力极强的病毒，从而感染其他健康家畜。本病发生没有明显的季节性，但是，由于气温和光照强度等自然条件对口蹄疫病毒的存活有直接影响，因此，本病的流行又呈现一定的季节性，表现为冬春季多发，夏秋季节发病较少。单纯性猪口蹄疫的流行特点略有不同，仅猪发病，不感染牛、羊，不引起迅速扩散或跳跃式流行，主要发生于集中饲养的猪场和食品公司的活猪仓库或城郊猪场以及交通密集的铁路、公路沿线，农村分散饲养的猪较少发生。

（三）临床症状

潜伏期 1~2 天，病猪以蹄部水疱为主要特征，病初体温 40~41℃，精神不振，食欲减退或不食，蹄冠、趾间、蹄踵、嘴角等处出现发红、微热、敏感等症状，不久形成黄豆大、蚕豆大的水疱，水疱破裂后形成出血性烂斑、溃疡（图 4-5、图 4-6），1 周左右恢复。若有细菌感染，则局部化脓坏死，可引起蹄壳脱落，患肢不能着地，常卧地不起，部分病猪的口腔黏膜（包括舌、唇、齿龈、咽、腭）、鼻盘和哺乳母猪的乳头，也可见到水疱和烂斑。吃奶仔猪患口蹄疫时，通常很少见到水疱和烂斑，呈急性胃肠炎和心肌炎突然死亡，病死率可达 60%。仔猪感染时水疱症状不明显，主要表现为胃肠炎和心肌炎，致死率高达 80%

以上。

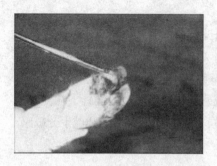

图4-5　猪口蹄疫蹄部烂斑、溃烂

图4-6　猪口蹄疫嘴角烂斑、溃烂

（四）病理变化

除口腔、蹄部或鼻端（吻突）、乳房等处出现水疱及烂斑外，咽喉、气管、支气管和胃黏膜也有烂斑或溃疡，小肠、大肠黏膜可见出血性炎症。仔猪心包膜有弥散性出血点，心肌切面有灰色或黄色斑点或条纹，心肌松软似煮熟状。组织学检查心肌有病变灶，细胞呈颗粒变性，脂肪变性或蜡样坏死，俗称"虎斑心"。

（五）诊断

1. 实验室检查

口蹄疫病毒具有多型性，而其流行特点和临床症状相同，其病毒属于哪一型，需经实验室检查才能确定。另外，猪口蹄疫与猪水疱病的临床症状几乎无差别，也有赖于实验室检查予以鉴别。首先将病猪蹄部用清水洗净，用干净剪子剪取水疱皮，装入青霉素（或链霉素）空瓶，最好采3~5头病猪的水疱皮，冷藏保管，一并迅速送到有关检验部门检查。常用酶联免疫吸附试验进行诊断。

2. 鉴别诊断

与猪水疱病等相鉴别。

（六）防治措施

1. 预防

（1）平时的预防措施

① 加强检疫和普查工作。经常检疫和定期普查相结合，做好猪产地检疫、屠宰检疫、农贸市场检疫和运输检疫。同时，每年冬季重点普查1次，了解和发现疫情，以便及时采取相应措施。

② 及时接种疫苗。容易传播口蹄疫的地区，如国境边界地区、城市郊区等，要注射口蹄疫疫苗。猪注射猪乙型（O型）口蹄疫油乳剂灭活疫苗。值得注意的是，所用疫苗的病毒型必须与该地区流行的口蹄疫病毒型相一致，否则，不能预防和控制口蹄疫的发生和流行。

③ 加强相应防疫措施。严禁从疫区（场）买猪及其肉制品，不得用未经煮开的洗肉水、泔水喂猪。

（2）流行时的防治措施

① 一旦怀疑口蹄疫流行，应立即上报，迅速确诊，并对疫点采取封锁措施，防止疫情扩散蔓延。

② 疫区内的猪、牛、羊，应由兽医进行检疫，病畜及其同栏猪立即急宰，内脏及污染物（指不易消毒的物品）深埋或者烧掉。

③ 疫点周围及疫点内尚未感染的猪、牛、羊，应立即注射口蹄疫疫苗。注射疫区外围的牲畜完后，再注射疫区内的牲畜。

④ 对疫点（包括猪圈、运动场、用具、垫料等）用2%火碱溶液进行彻底消毒，在口蹄疫流行期间，每隔2~3天消毒1次。

⑤ 疫点内最后一头病猪痊愈或死亡后14天，如再未发生口蹄疫，经过彻底消毒后，可申报解除封锁。但痊愈猪仍需隔离1个月方可出售。

2. 治疗

轻症病猪，经过10天左右多能自愈。重症病猪，可先用食醋水或0.1%高锰酸钾液洗净局部，再涂布龙胆紫溶液或碘甘油，经过数日治疗，绝大多数可以治愈。但是，根据国家的规定，口蹄疫病猪应一律急宰，不准治疗，以防散播传染。

三、猪繁殖与呼吸综合征（经典猪蓝耳病和高致病性猪蓝耳病）

猪繁殖与呼吸综合征是 1987 年新发现的一种接触性传染病。主要特征是母猪呈现发热、流产、木乃伊胎、死产、弱仔等症状；仔猪表现异常呼吸症状和高死亡率。当时由于病原不明，症状不一，曾先后命名为"猪神秘病"、"蓝耳病"、"猪繁殖失败综合征"、"猪不孕与呼吸综合征"等十几个病名，至 1992 年在猪病国际学术讨论会上才确定其病名为"猪繁殖与呼吸综合征"。

（一）病原

猪繁殖与呼吸综合征病毒是有囊膜的核糖核酸病毒，呈球状，直径 45~65 纳米，内含一正方体核衣壳核心，边长 20~35 纳米，病毒粒子表面有许多小突起。根据其形态及其基因结构，归属于动脉炎病毒属，现有两个血清型，从欧洲分离到的病毒叫 Lelvstad 病毒（LV），从美国分离到的病毒叫 ATCCVR-2332（VR2332）。各病毒株的致病力有很大的差异，这是造成病猪症状不尽相同的原因之一。可被脂溶性剂（氯仿、乙醚）或去污剂（胆酸钠、TritonX-100、NP-40）灭活。

（二）流行特点

本病主要侵害种猪、繁殖母猪及其仔猪，而肥育猪发病比较温和。本病的传染源是病猪、康复猪及临床健康带毒猪，病毒在康复猪体内至少可存留 6 个月。病毒可从鼻分泌物、粪尿等途径排出体外，经多种途径进行传播，如空气传播、接触传播、胎盘传播和交配传播等。卫生条件不良，气候恶劣，饲养密度过高，可促进本病发生。

（三）临床症状

本病的症状在不同感染猪群中有很大的差异，潜伏期各地报道也不一致。病的经过通常为 3~4 周，最长可达 6~12 周。感染猪群的早期症状类似流行性感冒，出现发热、嗜睡、食欲不振、疲倦、呼吸困难、咳嗽等症状。发病数日后，少数病猪的耳朵、外阴部、腹部及口鼻皮肤呈青紫色，以耳尖发绀最常见。部分猪感染后没有任何症状（40%~50%），或症状很轻微，但长期携带病毒，成为猪场持久的传染源。

1. 母猪

反复出现食欲不振、发热、嗜睡、继而发生流产（多发生于妊娠后期）、早产、死胎（图4-7）或木乃伊胎。活产的仔猪体重小而且衰弱，经2~3周后，母猪开始康复，再次配种时受精率可降低50%，发情期推迟。

2. 公猪

表现厌食、沉郁、嗜睡、发热、并有异常呼吸症状。精液质量暂时下降，精子数量少，活力低。

图4-7　猪繁殖与呼吸障碍综合征死胎猪

3. 肥育猪

症状较轻，仅表现5~7天厌食、呼吸增数、不安、易受刺激、体温升高、皮肤瘙痒，发育迟缓。患猪耳尖坏死脱落（图4-8）。发生慢性肺炎或有继发感染时，死亡率明显增高。

图4-8　患猪耳尖坏死脱落

4. 哺乳仔猪

呼吸困难，甚至出现哮喘样的呼吸障碍（由间质性肺炎所致），张口呼吸、流鼻涕、不安、侧卧、四肢划动，有时可见呕吐、腹泻、瘫痪、平衡失调、多发性关节炎及皮肤发绀（图4-9）等症状。仔猪的病死率可达50%~60%。

图4-9　仔猪皮肤发绀

（四）病理变化

病毒主要侵害肺脏，大多数病例如无继发感染，肺部看不到明显的肉眼病变。病理组织学检查，在肺部见有特征性的细胞性间质性肺炎，肺泡壁间隔增厚，充满巨噬细胞。鼻甲骨的纤毛脱落，上皮细胞变性，淋巴细胞和浆细胞积聚。

（五）诊断

1. 实验室检查

采取有急性呼吸异常症状的弱仔猪、死产及流产胎儿的肺、脾和淋巴结，送实验室进行病毒分离、鉴定，病毒可在猪巨噬细胞或 CL2621 和 Marc145 传代细胞上繁殖。耐过猪可采取血清，作间接免疫荧光试验或酶联免疫吸附试验。猪感染本病后 1~2 周可出现血清抗体，且可持续 1 年左右。

2. 鉴别诊断

应注意与猪细小病毒病、猪伪狂犬病、猪日本乙型脑炎、猪衣原体病相鉴别。

（六）防治措施

种猪场或规模养猪场要从无本病的地区或猪场引种，并隔离观察 1 个月，确诊无病方可入群。暴发本病时，育成猪实行"全进全出制"，每批进出前后，猪舍都要严格消毒；哺乳猪早断奶，母仔隔离饲养，杜绝病毒垂直传给猪；同时注意通风，加强消毒，增加营养，并使用抗生素和维生素 E，控制继发感染。在流行地区必要时可使用灭活油乳剂疫苗，免疫后备母猪和怀孕母猪（间隔 21 天，肌内注射 2 次），对后备母猪和育成猪也可使用弱毒疫苗。发病猪场的阳性母猪及其仔猪，应予淘汰。

四、猪圆环病毒病

猪圆环病毒病是近年来猪发生的一种新传染病。

猪圆环病毒病的病原体是猪圆环病毒（PCV-2）。此病毒主要感染断奶后仔猪，一般集中于断奶后2~3周和5~8周龄的仔猪。PCV分布很广，在美、法、英等国流行。猪群血清阳性率可达20%~80%，但是，实际上只有相对较小比例的猪或猪群发病。目前已知与PCV感染有关的有5种疾病：① 断奶后多系统衰竭综合征。② 猪皮炎肾病综合征。③ 间质性肺炎。④ 繁殖障碍。⑤ 传染性先天性震颤。

（一）猪断奶后多系统衰竭综合征（PMWS）

猪断奶后多系统衰竭综合征，多发生在5~12周龄断奶猪和生长猪。

1. 流行特点

哺乳仔猪很少发病，主要在断奶后2~3周发病。本病的主要病原是PCV-2（猪圆环病毒），其在猪群血清阳性率达20%~80%，多存在隐性感染。发病时病原还有PRRSV（猪繁殖呼吸综合征病毒）、PRV（猪细小病毒）、MH（猪肺炎支原体）、PRV（猪伪狂犬病毒）、APP（猪胸膜炎放线杆菌），以及PM（猪多杀性巴氏杆菌）等混合感染。PMWS的发病往往与饲养密度大、环境恶劣（空气不新鲜、湿度大、温度低）、饲料营养差、管理不善等有密切关联。患病率为3%~50%，致死率80%~90%。

2. 临床症状

主要表现精神不振、食欲下降、进行性呼吸困难、消瘦、贫血、皮肤苍白、肌肉无力、黄疸、体表淋巴结肿大。被毛粗乱，怕冷，可视黏膜黄疸，下痢，嗜睡，腹股沟浅淋巴结肿大。由于细菌、病毒的双重感染而使症状复杂化与严重化。

3. 病理变化

皮肤苍白，有20%出现黄疸。淋巴结异常肿胀，切面呈均匀的苍白色，肺呈弥漫性间质性肺炎；肾脏肿大，外观呈蜡样，其皮质和髓质有大小不一的点状或条状白色坏死灶（图4-10）。肝脏外观呈现浅黄色到橘黄色；脾稍肿大、边缘有梗死灶（图4-11）。胃肠道呈现不同程度的炎症损伤，结肠和盲肠黏膜充血或瘀血。肠壁外覆盖一层厚的胶冻样黄色膜。胰损伤、坏死。死后，其全身器官组织表现炎症变化，出现多灶性间质性肺炎、肝炎、肾炎、心肌炎以及胃溃疡等病变。

图4-10 肾脏肿大，有出血斑点、　　图4-11 脾脏肿大、边缘有梗死灶
　　　　坏死灶

4.诊断

（1）实验室检查　主要是在病变部位检测到PCV-2抗原或核酸。应用PCR方法检测和分离病毒。

（2）综合诊断　综合流行特点、临床症状、病理变化和实验室检查，即可确诊为猪圆环病毒病。

5.防治措施

目前尚无有效的治疗办法和疫苗。使用抗生素，加强饲养管理，有助于控制二重感染。

① 支原净0.125千克、强力霉素0.125千克和阿莫西林0.125千克，3种药加入1 000千克饲料日粮中拌匀喂饲，连用1~2周。

② 按每千克体重支原净125毫克给病猪注射2次/天，连用3~5天。

③ 按每1 000千克饮水中加入支原净0.12~0.18千克，供病猪饮服，连用3~5天。

仔猪断奶前1周和断奶后2~3周，可采用以下措施。

① 用优良的乳猪饲料或添加1.5%~3%柠檬酸、适量酶制剂，或用抗综合应激征的断奶安等药拌服。

② 每千克日粮中添加支原净 50 毫克、强力霉素 0.05 千克、阿莫西林 0.05 千克。拌匀喂服。

③ 饮服口服补液盐水，并在补液盐水每 1 000 千克中加入 0.05 千克支原净和 0.05 千克水溶性阿莫西林。

④ 实行严格的全进全出制，防止不同来源、年龄的猪混养，减少各种应激，降低饲养密度，防止温差过大的变化，尤其后半夜保温，防贼风和有害气体。

⑤ 加强泌乳母猪的营养，添加氧化锌、丙酸，防止发生胃溃疡。

（二）猪皮炎和肾病综合征

1. 流行特点

英国于 1993 年首次报道此病，随后美国、欧洲和南非均有报道。通常只发生在 8~18 周龄的猪。发病率为 0.5%~2%，有的可达到 7%。通常病猪在 3 天内死亡，有的在出现临床症状后 2~3 周发生死亡。

2. 临床症状

病猪食欲不振或废绝，皮肤上出现圆形或不规则的红紫色病变斑点或斑块，有时这些斑块相互融合。尤其在会阴部和四肢最明显。体温有时升高。

3. 病理变化

主要是出血性坏死性皮炎和动脉炎，以及渗出性肾小球性肾炎和间质性肾炎。因此出现皮下水肿、胸水增多和心包积液。病原检测：送检血清和病料中，可查出 PCV-2 病毒，又能查出猪繁殖和呼吸综合征病毒、细小病毒，并且都存在相应的抗体。

（三）猪间质性肺炎

本病主要危害 6~14 周龄的猪，发病率 2%~3%，死亡率为 4%~10%。眼观，病变为弥漫性间质性肺炎，呈灰红色。实验室检查有时可见肺部存在 PCV-2 型病毒，其存在于肺细胞增生区和细支气管上皮坏死细胞碎片区域内，肺泡腔内有时可见透明蛋白。

（四）繁殖障碍

研究发现有些繁殖障碍表现可与 PCV-2 型病毒相联系。该病毒造成比如返情率增加，子宫内感染、木乃伊胎儿、孕期流产，以及死产和产弱仔等。有些产下的仔猪中发现 PCV-2 型病毒血症。

在有很高比例新母猪的猪群中，可见到非常严重的繁殖障碍。急性繁殖障碍，如发情延迟和流产增加，通常可在 2~4 周后消失。但其后就在断奶后发生多系统衰竭综合征。用 PCR 技术对猪进行血清 PCV-2 型病毒监测，结果表明有些母猪有延续数月时间的病毒血症。

（五）传染性先天性震颤

多在仔猪出生后第 1 周内发生，震颤由轻变重，卧下或睡觉时震颤消失，受外界刺激（如突发的噪声或寒冷等）时可以引发或是加重震颤，严重的影响吃奶，以致死亡。每窝仔猪受病毒感染的发病数目不等。大多是新引入的头胎母猪所产的仔猪发病。在精心护理 1 周后，存活的病仔猪多数于 3 周内逐渐恢复。但是，有的猪直至肥育期仍然不断发生震颤。

五、猪狂犬病

本病是由狂犬病病毒经狗传播的人和温血动物共患的一种传染病。本病毒主要侵害中枢神经系统，临床上主要特征是神经机能失常，表现为各种形式的兴奋和麻痹。

（一）病原

狂犬病病毒属 RNA 型的弹状病毒科狂犬病病毒属，病毒粒子直径 75~80 纳米，长 140~180 纳米，一端钝圆，另一端平凹，呈子弹形或试管状外观。

病毒能在脊椎动物及昆虫体内增殖，并能凝集鹅的红细胞。种间有血清学交叉反应。

病毒对酸、碱、福尔马林、石炭酸、升汞等消毒药敏感，1%~2% 肥皂水、43%~70% 酒精、2%~3% 碘酊、丙酮、乙醚，都能使之灭活。病毒不耐湿热，50℃加热15分钟，60℃2分钟，100℃数秒以及紫外线和X射线均能灭活，但在冷冻和冻干状态下可长期保存，在50%甘油缓冲液中或4℃下可存活数月到一年。

（二）流行特点

病毒主要通过咬伤感染，也有经消化道、呼吸道和胎盘感染的病例。由于本病多数由疯狗咬伤引起，所以流行呈连锁性，以一个接一个的顺序呈散发形式出现，一般春季较秋季多发，伤口越靠头部或伤口越深，其发病率越高。

（三）临床症状

潜伏期不一，长的1年以上，短的10天，一般平均为21天。

发病突然，狂躁不安，兴奋，横冲直撞，攻击人，运动笨拙、失调。全身痉挛，静卧，受到刺激可突然跃起，盲目乱窜，惊恐，麻痹，衰竭死亡。

（四）病理变化

眼观无特征性变化，一般表现尸体消瘦，血液浓稠、凝固不良，口腔黏膜和舌黏膜常见糜烂和溃疡。胃内常有石块、泥土、毛发等异物，胃黏膜充血、出血或溃疡，脑水肿，脑膜和脑实质的小血管充血，并常见点状出血。

（五）诊断

被疑似患狂犬病的动物咬过应进行实验室检查。

常用的血清学方法有补体结合反应、中和试验、血凝抑制试验和酶联免疫吸附试验等。

（六）防治措施

1. 预防

带毒犬是人类和其他家畜狂犬病的主要传染源，因此对家犬进行大规模免疫接种和消灭野犬，是预防狂犬病的最有效的措施，在流行地区给家犬和家猫普遍接种疫苗，对患猪和患狂犬病死亡的猪，一般不剖检，应将病尸焚毁或深埋。

2. 治疗

猪被可疑动物咬伤后，首先要妥善处理伤口，用大量肥皂水或0.1%新洁尔灭溶液冲洗，再用75%酒精或2%~3%碘酒消毒。局部处理越早越好；其次被咬伤后要迅速注射狂犬病疫苗，使被咬动物在病的潜伏期内就产生免疫，可免于发病。

六、猪伪狂犬病

猪伪狂犬病是多种哺乳动物和鸟类的急性传染病。在临床上以中枢神经系统障碍、发热、局部皮肤持续性剧烈瘙痒为主要特征。

（一）病原

伪狂犬病病原体是疱疹病毒科疱疹病毒亚科的猪疱疹病毒Ⅰ型。无囊膜病毒粒子直径为110~150纳米，有囊膜病毒粒子直径约为180纳米。病毒对低温、干燥的抵抗力较强，在污染的猪圈或干草上能存活数月之久，在肉中能存活5周以上，季铵盐类消毒药、2%火碱液和3%来苏水能很快杀死病毒。

（二）流行特点

伪狂犬病病毒在全世界广泛分布。易感动物甚多，有猪、牛、羊、犬、猫及某些野生动物等，而发病最多的是哺乳仔猪，且病死率极高，成猪多为隐性感染。这些病猪和隐性感染猪可较长期地带毒排毒，是本病的主要传染源。鼠类粪尿中含大量病毒，也能传播本病。本病的传播途径较多，经消化道、呼吸道、损伤的皮肤以及生殖道均可感染。仔猪常因吃了感染母猪的乳而发病。怀孕母猪感染本病后，病毒可经胎盘而使胎儿感染，以致引起流产和死产。一般呈地方流行性发生，多发生于寒冷季节。

（三）临床症状

猪的临床症状随着年龄的不同有很大的差异。但归纳起来主要有 4 大症状。

1. 哺乳仔猪及断奶幼猪

症状最严重，往往体温升高，呼吸困难、流涎、呕吐、下痢、食欲不振、精神沉郁、肌肉震颤、步态不稳、四肢运动不协调、眼球震颤、间歇性痉挛、后躯麻痹，有前进、后退或转圈等强迫运动，常伴有癫痫样发作及昏睡等现象，神经症状出现后 1~2 天内死亡，病死率可达 100%。若发病 6 天后才出现神经症状，则有恢复的希望，但可能有永久性后遗症，如眼瞎、偏瘫、发育障碍等。

2. 中猪

常见便秘，一般症状和神经症状较幼猪轻，病死率也低，病程一般 4~8 天。

3. 成猪

常呈隐性感染，较常见的症状为微热，打喷嚏或咳嗽，精神沉郁，便秘，食欲不振，数日即恢复正常，一般没有神经症状。但是，容易发生母猪久配不孕，种公猪睾丸肿胀、萎缩、失去种用能力。

图 4-12　猪伪狂犬病造成的死胎

4. 怀孕母猪

感染后，常有流产、产死胎（图 4-12）及延迟分娩等现象。死产胎儿有不同程度的软化现象，流产胎儿大多甚为新鲜，脑壳及臀部皮肤有出血点，胸腔、腹腔及心包腔有大量棕褐色潴留液，肾及心肌出血，肝、脾有灰白色坏死点。

（四）病理变化

临床上呈现严重神经症状的病猪，死后常见明显的脑膜充血及脑脊髓液增加；鼻咽部充血，扁桃体、咽喉部及淋巴结有坏死病灶；肝、脾有 1~2 毫米灰白色坏死点，心包液增加，肺可见水肿和出血点。组织学检查，有非化脓性脑膜脑炎及神经节炎变化。

（五）诊断

1. 实验室检查

既简单易行，又可靠的方法是动物接种试验。采取病猪脑组织，磨碎后，加生理盐水，制成 10% 悬液，同时每毫升加青霉素 1 000 单位、链霉素 1 毫克，放入 4℃ 冰箱过夜，离心沉淀，取上清液于后腿外侧部皮下注射，家兔 1~2 毫升，接种后 2~3 天死亡。死亡前，注射部位的皮肤发生剧痒。患兔抓咬患部，以致呈现出血性皮炎，局部脱毛出血。同时可用免疫荧光试验、琼脂扩散试验、酶联免疫吸附试验和间接血凝试验等进行检查。

2. 鉴别诊断

对有神经症状的病猪，应与链球菌性脑膜炎、水肿病、食盐中毒等鉴别。母猪发生流产、死胎时，应与猪细小病毒病、猪繁殖与呼吸综合征、猪乙型脑炎、猪衣原体病等相区别。

（六）防治措施

1. 预防

（1）平时的预防措施

①要从洁净猪场引种，并严格隔离检疫 30 天。

② 猪舍地面、墙壁及用具等每周消毒 1 次，粪尿进行发酵池或沼气池处理。

③ 捕灭猪舍鼠类等。

④ 种猪场的母猪应每 3 个月采血检查 1 次。

（2）流行时的防治措施

① 感染种猪场的净化措施。根据种猪场的条件可采取全群淘汰更新、淘汰阳性反应猪群、隔离饲养阳性反应母猪所生仔猪及注射伪狂犬病油乳剂灭活苗 4 种措施。接种疫苗的具体方法为：种猪（包括公母）每 6 个月注射 1 次，母猪于产前 1 个月再加强免疫 1 次。种用仔猪于 1 月龄左右注射 1 次，隔 4~5 周重复注射 1 次，以后每半年注射 1 次。种猪场一般不宜用弱毒疫苗。

② 肥育猪发病后的处理。发病后可采取全面免疫的方法，除发病仔猪予以扑杀外，其余仔猪和母猪一律注射伪狂犬病弱毒疫苗（K6：弱毒株），乳猪第 1 次注苗 0.5 毫升，断奶后再注苗 1 毫升；3 月龄以上的中猪、成猪及怀孕母猪（产前 1 个月）2 毫升。免疫期 1 年。也可注射伪狂犬病油乳剂灭活菌。同时，还应加强猪场疫病综合防治。

2. 治疗

在病猪出现神经症状之前，注射高免血清或病愈猪血液，有一定疗效，对携带病毒猪要隔离饲养。

七、猪细小病毒病

猪细小病毒病可引起猪的繁殖障碍，故又称猪繁殖障碍病。其特征为受感染的母猪，特别是初产母猪产出死胎、畸形胎和木乃伊胎，而母猪本身无明显症状。

（一）病原

猪细小病毒病病原体为细小病毒科的猪细小病毒，病毒粒子呈圆形或六角形，无囊膜，直径约为 20 纳米，核酸为单股 DNA。本病毒对热、消毒药和酸碱的抵抗力均很强。病毒能凝集豚鼠、鸡、大鼠和小鼠等动物的红细胞。

（二）流行特点

猪是唯一已知的易感动物。不同品种、性别、年龄猪均可发病，病猪和带病毒猪是传染源。急性感染猪的排泄物和分泌物中含有较多的病毒，子宫内感染的胎儿至少出生后9周仍可带毒排毒。一般经口、鼻和交配感染，出生前经胎盘感染。本病毒对外界环境的抵抗力很强，可在被污染的猪舍内生存数月之久，容易造成长期连续传播。精液带病毒的种公猪配种时，常引起本病的扩大传播。猪场的老鼠感染后，其粪便带有病毒，可能也是本病的传染源和媒介。本病发生无季节性。

（三）临床症状

仔猪和母猪的急性感染，通常没有明显症状，但在其体内很多组织器官（尤其是淋巴组织）中均有病毒存在。

怀孕母猪被感染时，主要临床表现为母源性繁殖障碍，如多次发情而不受孕或产出死胎、木乃伊胎（图4-13），或只产出少数仔猪。在怀孕早期感染时，则因胚胎死亡而被吸收，使母猪不孕和不规则地反复发情。怀孕中期感染时，则胎儿死亡后，逐渐木乃伊化，在1窝仔猪中有木乃伊胎儿存在时，可使怀孕期或胎儿娩出间隔时间延长，这样就易

图4-13 木乃伊胎

造成外表正常的同窝仔猪的死产。怀孕后期（70天后）感染时，则大多数胎儿能存活下来，并且外观正常，但是长期带毒、排毒。本病最多见于初产母猪，母猪首次受感染后可获较坚强的免疫力，甚至可持续终生。细小病毒感染对公猪的性欲和受精率没有明显影响。

（四）病理变化

怀孕母猪感染后本身没有病变。胚胎的病变是死后液体被吸收，组织软化。受感染而死亡的胎儿可见充血、水肿、出血、体腔积液、脱水（木乃伊化）等病变。组织学检查，可见大脑灰质、白质和软脑膜有以增生的外膜细胞、组织细胞和浆细胞形成的血管周围管套为特征的脑膜炎变化。

（五）诊断

1.实验室检查

对于流产、死产或木乃伊胎儿的检验，可根据胎儿的不同胎龄采用不同的检验方法。大于70日龄的木乃伊胎儿、死产仔猪和初生仔猪，应采取心脏血液或体腔积液，测定其中抗体的血凝抑制滴度。对70日龄以下的感染胎儿，则可采取体长小于16厘米的木乃伊胎的肺脏送检。方法是将组织磨碎、离心后，取其上清液与豚鼠的红细胞进行血球凝集反应。此外，也可用荧光抗体技术检测猪细小病毒抗原。

2.鉴别诊断

猪伪狂犬病、猪乙型脑炎、猪繁殖与呼吸综合征、猪衣原体病和猪布鲁氏菌病也可引起流产和死胎，应注意鉴别。

（六）防治措施

1.预防

为了防止本病传入猪场，应从无病猪场引进种猪。若从本病阳性猪场引种猪时，应隔离观察14天，进行2次血凝抑制试验，当血凝抑制滴度在1∶256以下或阴性时，才可以混群。

在本病流行的猪场，可采取自然感染免疫或免疫接种的方法，控制本病发生。即在后备种猪群中放进一些血清阳性的母猪，使其受到自然感染而产生主动免疫力。

我国自制的猪细小病毒灭活疫苗，注射后可产生较好的预防效果。

仔猪母源抗体的持续期为 14~24 周，在抗体滴度大于 1:80 时，可抵抗猪细小病毒的感染。因此，在断奶时将仔猪从污染猪群移到没有本病污染的地方饲养，可培育出血清阴性猪群。

2. 治疗

目前对本病尚无有效的治疗方法。

八、猪水疱病

猪水疱病（swine vesicular disease，SVD）是由猪水疱病病毒引起的猪的一种急性、热性、接触性传染病，该病传染性强，发病率高。其临诊特征是猪的蹄部、鼻端、口腔黏膜、乳房皮肤发生水疱，类似于口蹄疫，但该病只引起猪发病，对其他家畜无致病性。

（一）病原

猪水疱病病毒属于微 RNA 病毒科肠道病毒属，病毒粒子呈球形，在超薄切片中直径为 20~23 纳米，用磷酸钨负染法测定为 28~30 纳米，用沉降法测定为 28.6 纳米。病毒粒子在细胞质内呈晶格排列，在病理变化细胞质的囊泡内凹陷处呈环形串珠状排列。

病毒的衣壳呈二十面体对称，基因组为单股正链 RNA，大小约 7.4 kb，无囊膜，对乙醚不敏感，在 pH 值 3.0~5.0 表现稳定。

本病毒无血凝特性。

病毒对环境和消毒剂有较强抵抗力，在 50℃ 30 分钟仍不失感染力，60℃ 30 分钟和 80℃ 1 分钟即可灭活，在低温中可长期保存。病毒在污染的猪舍内存活 8 周以上，病猪的肌肉、皮肤、肾脏保存于 -20℃ 11 个月，病毒滴度未见显著下降。病猪肉腌制后 3 个月仍可检出病毒。33℃ 3% NaOH 溶液 24 小时能杀死水疱皮中的病毒，1% 过氧乙酸 60 分钟可杀死病毒。

（二）流行特点

在自然流行中，本病仅发生于猪，而牛、羊等家畜不发病，猪只不分年龄、性别、品种均可感染。在猪只高度集中或调运频繁的单位和地区，容易造成本病的流行，尤其是在猪集中的猪舍，集中的数量和密度愈大，发病率愈高。在分散饲养的情况下，很少引起流行。本病在农村主要由于饲喂城市的泔水，特别是洗猪头和蹄的污水而感染。

病猪、带毒猪是本病的主要传染源，通过粪、尿、水疱液、乳汁排出病毒。感染常由接触、饲喂病毒污染的泔水和屠宰下脚料、生猪交易、运输工具（被污染的车、船）而引起。被病毒污染的饲料、垫草、运动场和用具以及饲养员等往往造成本病的间接传播；受伤的蹄部、鼻端皮肤、消化道黏膜等是主要传播途径。

健猪与病猪同居 24~45 小时，虽未出现临诊症状，但体内已含有病毒。发病后第 3 天，病猪的肌肉、内脏、水疱皮，第 15 天的内脏、水疱皮及第 20 天的水疱皮等均带毒，第 5 天和第 11 天的血液带毒，第 18 天采集的血液常不带毒。病猪的淋巴结和骨髓带毒 2 周以上。贮存于 −20℃，经 11 个月的病猪肉块、皮肤、肋骨、肾等的病毒滴度未见显著下降。盐渍病猪肉中的病毒需经 110 天后才能被灭活。

（三）临诊症状

自然感染潜伏期一般为 2~5 天，有的延至 7~8 天或更长。人工感染最短为 36 小时。临诊症状可分为典型、温和型和亚临诊型（隐性型）。

1. 典型的水疱病

其特征性的水疱常见于主趾和附趾的蹄冠上。早期临诊症状为上皮苍白肿胀，在蹄冠和蹄踵的角质与皮肤结合处首先见到，36~48 小时水疱明显凸出，里面充满水疱液，很快破裂，但有时维持数天。水疱破后形成溃疡，真皮暴露，颜色鲜红，常常环绕蹄冠皮肤与蹄壳之间裂开。病理变化严重时蹄壳脱落。部分猪的病理变化因继发细菌感染而成化脓性溃疡。由于蹄部受到损害而出现跛行。有的猪呈犬坐式或躺卧地下，严重者用膝部爬行。水疱也见于鼻盘、舌、唇和母猪乳头上。多数仔猪病例在鼻盘发生水疱。也可发生于其他部位（图4-14）。体温升高（40~42℃），水疱破裂后体温下降至正常。病猪精神沉郁、食欲减退或停食，肥育猪显著掉膘。在一般情况下，如无并发其他疾病者不引起死亡，初生仔猪可造成死亡。病猪康复较快，病愈后2周，创面可痊愈，如蹄壳脱落，则相当长时间后才能恢复。

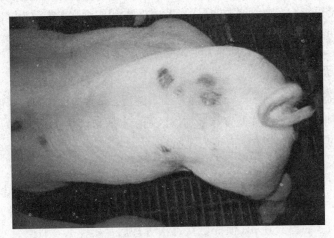

图4-14 背部水疱破溃

2. 温和型（亚急性型）

只见少数猪只出现水疱，病的传播缓慢，症状轻微，往往不容易被察觉。

3. 亚临诊型（隐性感染）

用不同剂量的病毒，经一次或多次饲喂猪，没有发生临诊症状，但可产生高滴度的中和抗体。据报道，将一头亚临诊感染猪与其他5头易感猪同圈饲养，10天后有2头易感猪发生了亚临诊感染，这说明亚临诊感染猪能排出病毒，对易感猪有很大的危险性。

水疱病发生后，约有2%的猪发生中枢神经系统紊乱，表现向前冲、转圈运动，用鼻摩擦、咬啮猪舍用具，眼球转动，有时出现强直性痉挛。

（四）病理变化

特征性病理变化为在蹄部、鼻盘、唇、舌面、乳房出现水疱，水疱破裂，水疱皮脱落后，暴露出创面，有出血和溃疡。个别病例心内膜上有条状出血斑。其他内脏器官无可见病理变化。组织学变化为非化脓性脑膜炎和脑脊髓炎病理变化，大脑中部病理变化较背部严重。脑膜含有大量淋巴细胞，血管嵌边明显，多数为网状组织细胞，少数为淋巴细胞和嗜伊红细胞。脑灰质和白质发现软化病灶。

（五）诊断

临诊症状无助于区分猪水疱病、口蹄疫、猪水疱性疹和猪水疱性口炎，因此必须依靠实验室诊断加以区别。本病与口蹄疫区别更为重要，常用的实验室诊断方法有下列几种。

1. 生物学诊断

将病料分别接种 1~2 日龄和 7~9 日龄乳小鼠，如 2 组乳小鼠均死亡者为口蹄疫；1~2 日龄乳小鼠死亡，而 7~9 日龄乳小鼠不死者，为猪水疱病。病料经在 pH 值 3~5 缓冲液处理后，接种 1~2 日龄乳小鼠死亡者为猪水疱病，反之则为口蹄疫。或以可靠的猪水疱病免疫猪或病愈猪与发病猪混群饲养，如两种猪都发病者为口蹄疫。

2. 反向间接血凝试验

用口蹄疫 A、O、C 型的豚鼠高免血清与猪水疱病高免血清抗体球蛋白（IgG）致敏经 1% 戊二醛或甲醛固定的绵羊红细胞，制备抗体红细胞与不同稀释的待检抗原，进行反向间接血凝试验，可在 2~7 小时内快速区别诊断猪水疱病和口蹄疫。

3. 补体结合试验

以豚鼠制备的诊断血清与待检病料进行补体结合试验，可用于猪水疱病和口蹄疫鉴别诊断。

4. ELISA

用间接夹心 ELISA，可以进行病原的检测，目前该方法逐渐取代补体结合试验。

5. 荧光抗体试验

用直接和间接免疫荧光抗体试验，可检出病猪淋巴结冰冻切片和涂片中的感染细胞，也可检出水疱皮和肌肉中的病毒。

6. RT- PCR

可以用于区分口蹄疫和猪水疱病。

此外，放射免疫、对流免疫电泳、中和试验都可作为猪水疱病的诊断方法。

（六）防治措施

猪感染水疱病病毒7天左右，在猪血清中出现中和抗体，28天达高峰。因此用猪水疱病高免血清和康复血清进行被动免疫有良好效果，免疫期达1个月以上，为此在商品猪大量应用被动免疫，对控制疫情扩散、减少发病率会起到良好作用。用于水疱病免疫预防的疫苗有弱毒疫苗和灭活疫苗，但由于弱毒疫苗在实践应用中暴露出许多不足，目前已停止使用。灭活疫苗安全可靠，注苗后7~10天即可产生免疫力，保护率在80%以上，免疫保护期在4个月以上。用水疱皮和仓鼠传代毒制成灭活苗有良好免疫效果，保护率为75%~100%。

控制猪水疱病很重要的措施是防止将病原带到非疫区，应特别注意监督牲畜交易和转运的畜产品。运输时对交通工具应彻底消毒，屠宰下脚料和泔水经煮沸方可喂猪。

加强检疫，在收购和调运时，应逐头进行检疫，一旦发现疫情立即向主管部门报告，按早、快、严、小的原则，实行隔离封锁。对疫区和受威胁区的猪只，可采用被动免疫或疫苗接种，以后实行定期免疫接种。病猪及屠宰猪肉、下脚料应严格实行无害处理。环境及猪舍要进行严格消毒，常用于本病的消毒剂有过氧乙酸、菌毒敌（原名农乐）、氨水和次氯酸钠等。试验证明，以二氯异氰尿酸钠为主剂的复方含氯制品"抗毒威"、"强力消毒灵"等消毒效果也很好，有效浓度为0.5%~1%（含有效氯50~100毫克/千克）。复合酚类的菌毒敌等的有效浓度为1：（100~200），过氧乙酸为0.1%~0.5%，次氯酸钠0.5%~1%，氨水5%，福尔马林和苛性钠的消毒效果较差，且有较强腐蚀性和刺激性，

已不广泛应用。

九、非洲猪瘟

非洲猪瘟（African swine fever，ASF）是一种对猪具有高度致病性的病毒性疾病，其主要症状有出血热，致死率可高达100%。

（一）病原

非洲猪瘟（African swine fever，ASF）的病原为非洲猪瘟病毒（ASFV）。它属于虹彩病毒科，虹彩病毒属，形呈五角或六角形，大小为175~215纳米。呈20面体对称，有囊膜。基因组为双股线状DNA，大小170~190 kb。在猪体内，非洲猪瘟病毒可在几种类型的细胞浆中，尤其是网状内皮细胞和单核巨噬细胞中复制。

（二）流行病学

猪与野猪对本病毒都具有自然易感性，各品种及各不同年龄之猪群同样有易感性，非洲和西班牙半岛有几种软蜱是ASFV的贮藏宿主和媒介，该病毒可在钝缘蜱中增殖，并使其成为主要的传播媒介。近来发现，美洲等地分布广泛的很多其他蜱种也可传播ASFV。一般认为，ASFV传入无病地区都与来自国际机场和港口的未经煮过的感染猪制品或残羹喂猪有关，或由于接触了感染的家猪的污染物、胎儿、粪便、病猪组织，并喂了污染饲料而发生。

（三）临床症状

潜伏期5~9天，病猪最初4天之内体温上升至40.5℃，呈稽留热，无其他症状，但在发烧期食欲如常，精神良好。到死亡前48小时，体温下降，停止吃食。身体虚弱，伏卧一角或呆立，不愿行动，脉搏加速，强迫行走时困难，特别是后肢虚弱，甚至麻痹。有些病猪咳嗽，呼吸困难，结膜发炎，有脓性分泌物。有的下痢或呕吐、鼻镜干燥。四肢下端发绀，白细胞总数下降，淋巴细胞减少。一般病猪在发烧后，约7日死亡。可见，非洲猪疫通常是先出现体温升高，后出现其他症状，而猪瘟则随体温升高，几乎同时出现其他症状，可作为二者鉴别诊断的一个指标。

血液的变化类似猪瘟，以白细胞减少为特征，约半数以上病猪白细胞数比正常减少50%。这种白细胞减少，是由广泛存在于淋巴组织中的淋巴细胞坏死，导致血液中淋巴细胞显著减少。白细胞减少时，体温开始上升，发热4天后，约减少40%。此外，还发现未成熟的中性粒细胞增多，嗜酸、嗜碱性细胞等无变化，红细胞、血红素及血沉等未见异常。

病猪一般常在发热后7天，出现症状后1~2天死亡。死亡率接近100%。

病猪自然恢复的极少。极少数病例转为慢性经过，多为幼龄病猪，呈间歇热型，并有发育不全、关节障碍、失明、角膜混浊等后遗症。

（四）病理变化

病理变化与猪瘟相似，出血性状和淋巴细胞核崩溃等病变甚至比猪瘟明显。白猪皮肤稀毛处有很多明显发绀区，呈紫红色，胸、腹腔及心内有较多的黄色积液，偶尔混有血液，心包积水，心外膜、心内膜出血。全身淋巴结充血严重，有水肿，在胃、肝门、肾与肠系膜的淋巴结最严重，如血瘤状，脾外表变小，少数有肿胀、局部充血或梗死，喉头、会厌部有严重出血，肺小叶间质水肿，胆囊壁水肿，浆膜和结膜有出血斑。膀胱黏膜有出血斑。小肠有不同程度的炎症，盲肠和结肠充血、出血或溃疡。

（五）综合性诊断

1. 初诊

根据观察猪场、猪舍环境卫生等情况，询问饲养管理人员和猪场兽医免疫接种及发病症状，结合现场观察患病猪群临床表现，现场如果发现尸体剖检的猪出现脾和淋巴结严重出血，形如血肿，结合流行病学情况，可以初步怀疑为非洲猪瘟。

2. 实验室确诊

在实验室诊断中，非洲猪瘟病毒抗原的检测常用红细胞吸附试验、直接免疫荧光试验和琼脂扩散沉淀试验。一般认为，红细胞吸附试验是非洲猪瘟确诊性的鉴别试验，并且是从野外样品分离病毒应用最广泛的方法。用直接免疫荧光试验可在组织抹片和冷冻组织切片，在1小时内检出病毒。非洲猪瘟病毒抗体检测常用的是间接免疫荧光试验、酶联免疫吸附试验和免疫印迹测定等。

（六）防控

1. 预防

目前尚未研制出一种有效的疫苗来预防该病。灭活苗对猪没有任何保护作用。弱毒疫苗虽然可以保护部分猪对同源毒株的攻击，但这些猪可能成为带毒猪或可出现慢性病变。由于上述原因，在无本病的地区或国家要极力阻止非洲猪瘟病毒的侵入，在港口和国际机场等场所要严加防范。我国尚未发现本病，要严禁从疫区进口活猪及其产品。加强血清学检查，检出带毒猪，应认识到感染低毒株的猪不会显示病状或病变。确诊为感染本病猪场的猪群必须全部扑杀。凡无本病的国家怀疑发生本病，由于诊断需时较长，可不必等待实验室诊断结果，扑杀被怀疑猪场的全部猪群，并采取适当的兽医卫生措施，防止疫情扩散。消毒剂可使用热氢氧化钠液（80~85℃）喷洒，或用1.5%甲醛溶液或含有5%活性氯的消毒剂喷洒，每平方米表面用药液1升，并保持3小时。

2. 紧急防控措施

我国目前尚无本病发生，但必须保持高度警惕，严禁从有病地区和国家进口猪及其产品。销毁或正确处置来自感染国家（地区）的船舶、飞机的废弃食物和泔水等。加强口岸检疫，以防本病传入。

一旦发现可疑疫情，应立即上报，并将病料严密包装，迅速送检。同时按《中华人民共和国动物防疫法》规定，采取紧急、强制性的控制和扑灭措施。封锁疫区，控制疫区生猪移动。迅速扑杀疫区所有生猪，无害化处理动物尸体及相关动物产品。对栏舍、场地、用具进行全面清扫及消毒。详细进行流行病学调查，包括上下游地区的疫情调查。对疫区及其周边地区进行严密监测。

十、猪传染性胃肠炎

猪传染性胃肠炎是猪的一种急性肠道传染病。临床特征以呕吐、腹泻和脱水为主。可发生于各种年龄的猪，10日龄以内的仔猪病死率很高，5周龄以上的猪病死率很低。

（一）病原

猪传染性胃肠炎病原体为冠状病毒科的猪传染性胃肠炎病毒，呈球形、椭圆形和多边形，直径为80~120纳米，表面有纤突，长约12纳米。只有一个血清型，主要存在于空肠、十二指肠及回肠的黏膜，在鼻腔、气管、肺的黏膜及扁桃体、颌下及肠系膜淋巴结等处，也能查出病毒。病毒对日光和热敏感，对胰蛋白酶和猪胆汁有抵抗力，常用的消毒药容易将其杀死。

（二）流行特点

本病多发生在冬春寒冷季节，一旦发生，在猪群里迅速传播。常呈地方流行性，在老疫区则发病率降低，症状较轻。

（三）临床症状

潜伏期随感染猪的年龄而有差别，仔猪12~24小时，大猪2~4天。主要症状如下。

1. 哺乳仔猪

先突然发生呕吐，接着发生剧烈水样腹泻。呕吐多发生于哺乳之后。下痢为乳白色或黄绿色，带有小块未消化的凝乳块，有恶臭。在发病末期，由于脱水，粪稍黏稠，体重迅速减轻，体温下降，常于发病后2~7天死亡，耐过的小猪，生长缓慢。出生后5日以内仔猪的病死率常为100%。

2. 肥育猪

发病率接近100%。突然发生水样腹泻、食欲不振、无力、下痢，粪便呈灰色或茶褐色，含有少量未消化的食物。在腹泻初期，偶有呕吐。病程约1周。在发病期间，增重明显减慢。

3. 成猪

感染后常不发病。部分猪表现轻度水样腹泻或一时性的软便，对体重无明显影响。

4. 母猪

母猪常与仔猪一起发病。有些哺乳中的母猪发病后，表现高度衰弱、体温升高、泌乳停止、呕吐、食欲不振、严重腹泻。妊娠母猪的症状往往不明显，或仅有轻微的症状。

（四）病理变化

主要病变在胃和小肠。哺乳仔猪的胃常胀满，滞留有未消化的凝乳块。3日龄小猪中，约50%在胃横膈膜面的憩室部黏膜下有出血斑点、肠膨大，有泡沫状液体和未消化的凝乳块，小肠壁变薄、绒毛萎缩，在肠系膜淋巴管内见不到乳白色乳糜，肠黏膜严重出血。

（五）诊断

1. 实验室检查

常用免疫荧光抗体试验。取刚发病的急性期病猪的空肠，制成冰冻切片，用免疫抗体染色，在荧光显微镜下检查，如胞浆内发现亮绿色，即可确诊。此外，酶联免疫吸附试验（ELISA）、微量中和试验、间接血球凝集试验也是本病常用的血清学诊断方法。

2. 鉴别诊断

应与猪流行性腹泻、猪轮状病毒病、仔猪黄痢、仔猪白痢、仔猪红痢、猪副伤寒、猪痢疾鉴别。

（六）防治措施

1. 预防

首先，要加强饲养管理，在晚秋至早春之间的寒冷季节，不要引进带毒猪，防止人员、动物和用具传播本病。其次，对怀孕母猪于产前

45 天及 15 天左右，以猪传染性胃肠炎弱毒疫苗经肌肉及鼻内各接种 1 毫升，使其产生足够的免疫力，让哺乳仔猪通过吃母乳获得抗体，产生被动免疫的效果。或在仔猪出生后，以无病原性的弱毒疫苗口服免疫，每头仔猪口服 1 毫升，使其产生主动免疫。改变管理方法，实行"全进全出"。最后，应用康复猪的抗凝血或高免血清，每日口服 10 毫升，连用 3 天，对新生仔猪有一定的防治效果。

2. 治疗

仔猪采用对症治疗，可减少死亡，促进恢复。同时，要加强饲养管理，保持仔猪舍的温度（最好 30℃）和干燥。让仔猪自由饮服口服补液盐（氯化钠 3.5 克，氯化钾 1.5 克，碳酸氢钠 2.5 克，葡萄糖 20 克，常水 1 000 毫升）。为防止继发感染，对 2 周龄以下的仔猪，可适当应用抗生素及其他抗菌药物。如用甲砜霉素注射液肌内注射 10~30 毫克/千克，每天 2 次；磺胺脒 0.5~4.0 克，次硝酸铋 1~5 克，小苏打 1~4 克，混合口服。此外，还可用中医中药疗法。如用马齿苋、积雪草、一点红各 60 克（新鲜全草），水煎服。

十一、猪流行性感冒

猪流行性感冒是由猪流行性感冒病毒引起的一种急性呼吸器官传染病。临床特征为突然发病，并迅速蔓延全群，表现为呼吸道炎症。

（一）病原

流感病毒分为 A、B、C 3 个型，猪流感病毒属于正黏病毒科中的 A 型流感病毒属。猪流感病是 A 型流感病毒引起，除感染猪外也能使人发病。反过来，人的香港流感病毒（H3N2）也能使猪发生流感。该病毒对热和日光的抵抗力不强，一般消毒药能迅速将其杀死。

（二）流行特点

不同年龄、性别和品种的猪对猪流感病毒均有易感性。传染源是病猪和带毒猪。病毒存在于呼吸道黏膜，随分泌物排出后，通过飞沫经呼吸道侵入易感猪体内，在呼吸道上皮细胞内迅速繁殖，很快致病，又向外排出病毒，以至于迅速传播，往往在 2~3 天内波及全群。康复猪和隐性感染猪，可长时间带毒，是猪流感病毒的重要宿主，往往是以后发生猪流感的传染源，猪流感呈流行性发生。在常发生本病的猪场可呈散发性。大多发生在天气骤变的晚秋和早春以及寒冷的冬季。一般发病率高，病死率却很低。如继发巴氏杆菌、肺炎链球菌等感染，则使病情加重。

（三）临床症状

潜伏期为 2~7 天。病猪突然发热、精神不振、食欲减退或废绝，常挤卧一起，不愿活动，呼吸困难、咳嗽，眼、鼻有黏液性分泌物，病程很短，一般 2~6 天可完全恢复。如果并发支气管肺炎、胸膜炎等，则猪群病死率增加。普通感冒与之区别在于前者体温稍高，散发，病程短，发病缓，其他症状无多大差别。

（四）病理变化

病变主要在呼吸器官，鼻、喉、气管和支气管黏膜充血，表面有多量泡沫状黏液，有时混有血液。肺部病变轻重不一，有的只在边缘部分有轻度炎症，严重时，病变部呈紫红色。

（五）诊断

1. 实验室检查

用灭菌棉拭子采取鼻腔分泌物，放入适量生理盐水中洗刷，加青霉素、链霉素处理，然后接种于 10~12 日龄鸡胚的羊膜腔和尿囊腔内，在 35℃孵育 72~96 小时后，收集尿囊液和羊膜腔液，进行血凝试验和血凝抑制试验，鉴定其病毒。

2. 鉴别诊断

在临床诊断时，应注意与猪肺疫、猪传染性胸膜肺炎相区别。

（六）防治措施

1. 预防

首要的是防止易感猪与感染的动物接触。除康复猪带毒外，某些水禽和火鸡也可能带毒，应防止与这些动物接触。人发生 A 型流感时，应防止病人与猪接触。其次，要进行严格的消毒，保持猪舍良好的环境卫生和饲养管理。据报道，目前国外已制成猪流感病毒佐剂灭活苗，经 2 次接种后，免疫期可达 8 个月。

2. 治疗

目前尚无特效治疗药物。可试用复方黄芪多糖注射液和板蓝根冲剂，用量根据猪的体重及药品含量确定。为预防继发感染，重症病猪应服用抗生素或磺胺类药品，同时给予止咳祛痰药。

十二、猪乙型脑炎

猪乙型脑炎病毒（JEV）是最重要的蚊媒病毒，能引起人类的脑炎，引起猪的生殖障碍。

（一）病原

JEV 属于黄病毒科黄病毒属，JEV 分成 4 类，也可分成 5 类，不同的基因型基于编码衣壳、prM 和 E 蛋白的核苷酸序列。基因型 I 在整个亚洲分布最广，基因型 I 和Ⅲ与最常见的流行病有关，基因型Ⅱ和Ⅳ发生在东南亚，且与常见的地方性疾病有关。

（二）流行特点

本病在热带地区没有明显的季节性，但在其他地区有明显的季节性，主要发生于蚊虫生长繁殖的季节。蚊虫是本病流行的重要传播媒介，其中三带喙库蚊是主要的带毒蚊种，在日本乙型脑炎的自然循环中和传播中起着重要的作用。本病人也可以感染，饲养人员及与猪接触多的人员要做好人员的防护工作。

（三）临床症状

母猪和小母猪感染 JEV 的主要特征是：以流产和生产异常为特征的生殖障碍。同窝仔猪有死胎、木乃伊胎、脑积水和皮下水肿的虚弱仔猪，性成熟的猪不显示任何明显的临床症状，而是出现一时的厌食和温和的发热反应。生殖障碍的非免疫母猪在配种的 70 天之前已经感染。在这个时间后感染对小猪没有明显影响。JEV 也和公猪的不育有关。易感公猪的感染导致睾丸的水肿、充血，睾丸产生的精液中含有大量异常精子，明显降低了有活力的总精子数。精液也能排毒。这些变化通常是暂时的，大多数公猪能完全恢复。

（四）病理变化

由 JEV 引起的母猪肉眼可见的或显微可见的病变还未见报道。自然感染的公猪睾丸在鞘膜腔有大量的黏液，在附睾的边缘和鞘膜脏层可看到纤维增厚。微观上可见在附睾、鞘膜和睾丸的间质组织有水肿和炎症变化，输送精子的上皮常常可以看到变性。

死胎和虚弱的新生儿可能看到或看不到大体病变。出现的病变包括脑积水、皮下水肿、胸膜积水、腹水、浆膜淤点状出血、淋巴结充血、肝和脾坏死灶及脑膜或脊髓充血。显微病变局限于脑和脊髓。可观察到分散性的非化脓性脑炎和脊髓炎。

（五）诊断

JEV 引起猪生殖疾病的确诊是基于胎儿、死胎、新生仔猪和青年猪病毒的分离与鉴定，鉴别诊断必须考虑猪细小病毒、猪繁殖与呼吸障碍综合征病毒、伪狂犬病病毒、猪瘟病毒、巨细胞病毒、肠道病毒、Getah 病毒、弓形体病和钩端细螺旋体病。感染的母猪和小猪的季节性发生和缺乏临床症状是排除许多疾病的有益标准。

JEV 的感染也能通过免疫组织化学方法检测胎儿组织和胎盘的病毒抗原而确定。应用黄病毒特异性单克隆抗体可提高试验的特异性。日本脑炎病毒特异性抗体在流产胎儿、弱胎和仔猪的体液中通过血凝抑制、血清病毒中和试验和 ELISA 检测到阳性对诊断具有重要作用。

（六）防治措施

① 加强卫生管理，保持圈舍卫生，将粪便进行生物发热处理或用于生产沼气。做好灭蚊、灭蝇工作。

② 免疫接种，每年蚊虫开始活动的前 1 个月进行免疫接种。

第二节　常见细菌性疾病的防治

一、猪丹毒

猪丹毒是人兽共患传染病。临床特征是：急性型多呈败血症症状，高热；亚急性型表现在皮肤上出现紫红色疹块；慢性型表现纤维素性关节炎和疣状心内膜炎。猪丹毒是威胁养猪业的一种重要传染病。

（一）病原

猪丹毒杆菌为革兰氏阳性菌，呈小杆状或长丝状，不形成芽孢和荚膜；不能运动。分许多血清型，各型的毒力差别很大，猪丹毒杆菌的抵抗力很强，在掩埋的尸体内能活 7 个多月，在土壤内能存活 35 天。但对 2% 福尔马林、3% 来苏水、1% 火碱、1% 漂白粉等消毒剂都很敏感。

（二）流行特点

各种年龄猪均易感，但以 3 个月以上的生长猪发病率最高，3 个月以下和 3 年以上的猪很少发病。牛、羊、马、鼠类、家禽及野鸟等也能感染本病，人类可因创伤感染发病。病猪、临床康复猪及健康带菌猪都是传染源。病原体随粪、尿、唾液和鼻分泌物等排出体外，污染土壤、饲料、饮水等，而后经消化道和损伤的皮肤而感染。带菌猪在不良条件下抵抗力降低时，细菌也可侵入血液，引起自体内源性传染而发病。猪丹毒的流行无明显季节性，但夏季发生较多，冬季、春季只有散发。猪

丹毒经常在一定的地方发生，呈地方性流行或散发。

（三）临床症状

人工感染的潜伏期为 3~5 天，短的 1 天发病，长的可在 7 天发病。临床症状一般分急性型、亚急性型和慢性型 3 种。

1. 急性型（败血症型）

见于流行初期。有的病例可能不表现任何症状突然死亡。多数病例症状明显。体温高达 42℃以上，恶寒颤抖，食欲减退或有呕吐，常躺卧地上，不愿走动，若强行赶起，站立时背腰拱起，行走时步态僵硬或跛行。结膜充血，眼睛清亮，很少有分泌物。大便干硬，有的后期发生腹泻。发病 1~2 日后，皮肤上出现大小和形状不一红斑，以耳、颈、背、腿外侧较多见，指压时褪色，指去复原。病程 2~4 日，病死率 80%~90%。

哺乳仔猪和刚断奶小猪发生猪丹毒时，往往有神经症状，抽搐。病程不超过 1 天。

2. 亚急性型（疹块型）

败血症状轻微，其特征是在皮肤上出现疹块。病初食欲减退，精神不振，不愿走动，体温 42℃，在胸、腹、背、肩及四肢外侧出现大小不等的疹块，先呈淡红，后变为紫红，以至黑紫色，形状为方形、菱形或圆形，坚实，稍凸起，少则几个，多则数十个，以后中央坏死，形成痂皮。经 1~2 周恢复。

3. 慢性型

一般由前两型转变而来。常见浆液性纤维素性关节炎、疣状心内膜炎和皮肤坏死 3 种。皮肤坏死一般单独发生，而浆液性纤维素性关节炎和疣状心内膜炎往往共存。食欲变化不明显，体温正常，但生长发育不良，逐渐消瘦，全身衰弱。浆液性纤维素性关节炎常发生于腕关节和肘关节，受害关节肿胀，疼痛，僵硬，步态呈跛行。疣状心内膜炎表现呼吸困难，心跳增速，听诊有心内杂音。强迫快速行走时，易发生突然倒地死亡。皮肤坏死常发生于背、肩、耳及尾部。局部皮肤变黑，硬如皮革，逐渐与新生组织分离，最后脱落，遗留一片无毛瘢痕。

（四）病理变化

急性型皮肤上有大小不一和形状不同的红斑或弥漫性红色；淋巴结充血肿大，有小出血点；胃及十二指肠充血、出血；肺瘀血、水肿；脾肿大充血，呈樱桃红色。肾瘀血肿大，呈暗红色，皮质部有出血点；关节液增加。亚急性型的特征是皮肤上有方形和菱形的红色疹块，内脏的变化比急性型轻。慢性型的房室瓣常有疣状心内膜炎（图 4-15）。瓣膜上有灰白色增生物，呈菜花状。其次是关节肿大，在关节腔内有纤维素性渗出物。

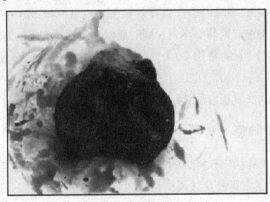

图 4-15 疣状心内膜炎

（五）诊断

1. 实验室检查

急性型采取肾、脾为病料；亚急性型在生前采取疹块部的渗出液；慢性型采取心内膜组织和患病关节液，制成涂片后，革兰氏染色法染色、镜检，如见有革兰氏阳性（紫色）的细长小杆菌，在排除李氏杆菌后，即可确诊。也可进行免疫荧光试验。

2. 鉴别诊断

应与猪瘟、猪链球菌病、最急性猪肺疫、急性猪副伤寒相鉴别。

（六）防治措施

1. 预防

平时要加强饲养管理，猪舍用具保持清洁，定期用消毒药消毒。同时按免疫程序注射猪丹毒菌苗。

发生猪丹毒后，应立即对全群猪测温，病猪隔离治疗，死猪深埋或烧毁。与病猪同群的未发病猪，用青霉素进行药物预防，待疫情扑灭和停药后，进行一次彻底消毒，并注射菌苗，巩固防疫效果。

2. 治疗

发病 24~36 小时内治疗，疗效显著。对急性型最好首先按每千克体重 1 万单位青霉素静脉注射，同时肌内注射常规剂量的青霉素，即体重在 20 千克以下的猪用 20 万 ~40 万单位，20 万 ~50 千克的猪用 40 万 ~100 万单位，50 千克以上的猪酌情增加。每天肌内注射 2 次，直至体温和食欲恢复正常后 24 小时停药，以防复发或转为慢性。

二、猪肺疫

猪肺疫又称猪巴氏杆菌病、锁喉风，是猪的一种急性传染病，主要特征为败血症，咽喉及其周围组织急性炎性肿胀或表现为肺、胸膜的纤维蛋白渗出性炎症。本病分布很广，发病率不高，常继发于其他传染病。

（一）病原

猪肺疫病原体是多杀性巴氏杆菌，呈革兰氏染色阴性，有两端浓染的特性，能形成荚膜。有许多血清型。多杀性巴氏杆菌的抵抗力不强，干燥后 2~3 天死亡，在血液及粪便中能生存 10 天，在腐败的尸体中能存活 1~3 个月，在日光和高温下 10 分钟即死亡，1% 火碱及 2% 来苏水等能迅速将其杀死。

（二）流行特点

大小猪均有易感性，小猪和中猪的发病率较高。病猪和健康带菌猪是传染源，病原体主要存在于病猪的肺脏病灶及各器官，存在于健康猪的呼吸道及肠管中，随分泌物及排泄物排出体外，经呼吸道、消化道及损伤的皮肤而传染。带菌猪受寒、感冒、过劳、饲养管理不当使抵抗力降低时，可发生自体内源性传染。猪肺疫常为散发，一年四季均可发生，多继发于其他传染病之后。有时也可呈地方性流行。

（三）临床症状

潜伏期1~14天，临床上分3个型。

1.最急性型

又称锁喉风，呈现败血症症状，突然发病死亡。病程稍长的，体温升高到41℃以上，呼吸高度困难，食欲废绝，黏膜蓝紫色，咽喉部肿胀，有热痛，重者可延至耳根及颈部，口鼻流出泡沫，呈犬坐姿势。后期耳根、颈部及下腹部处皮肤变成蓝紫色，有时见出血斑点。最后窒息死亡，病程1~2日。

2.急性型

主要呈现纤维素性胸膜肺炎症状，败血症症状较轻。病初体温升高，发生痉挛性干咳，呼吸困难，有鼻液和脓性眼屎。先便秘后腹泻。后期皮肤有紫斑，最后衰竭而死，病程4~6日。如果不死则转成慢性。

3.慢性型

多见于流行后期，主要表现为慢性肺炎或慢性胃肠炎症状。持续性的咳嗽，呼吸困难，体温时高时低，精神不振，食欲减退，逐渐消瘦，有时关节肿胀，皮肤湿疹。最后发生腹泻。如果治疗不及时，多经2周以上因衰弱而死亡。

（四）病理变化

主要病变在肺脏。

1.最急性型

全身浆膜、黏膜及皮下组织大量出血，咽喉部及周围组织呈出血性浆液性炎症，喉头气管内充满白色或淡黄色胶冻样分泌物。皮下组织可见大量胶冻样淡黄色的水肿液。全身淋巴结肿大，切面呈一致红色。肺充血水肿，可见红色肝变区（质硬如蜡样）。各实质器官变性。

2.急性型

败血症变化较轻，以胸腔内病变为主。肺有大小不等的肝变区，切开肝变区，有的呈暗红色，有的呈灰红色，肝变区中央常有干酪样坏死灶，胸腔积有含纤维蛋白凝块的混浊液体。胸膜附有黄白色纤维素，病程较长的，胸膜发生粘连。

3.慢性型

高度消瘦，肺组织大部分发生肝变，并有大块坏死灶或化脓灶，有的坏死灶周围有结缔组织包裹，胸膜粘连。

（五）诊断

1.实验室检查

采取病变部的肺、肝、脾及胸腔液，制成涂片，用碱性美蓝液染色后镜检，均见有两端浓染的长椭圆形小杆菌时，即可确诊。如果只在肺脏内见有极少数的巴氏杆菌，而其他脏器没有见到，并且肺脏又无明显病变时，可能是带菌猪，而不能诊断为猪肺疫。有条件时可做细菌分离培养。

2.鉴别诊断

应与急性咽喉型炭疽、气喘病、猪传染性胸膜肺炎等病鉴别。

（六）防治措施

1.预防

预防本病的根本办法是改善饲养管理和生活条件，以消除减弱猪抵抗力的一切外界因素。同时，猪群要按免疫程序注射菌苗。死猪要深埋或烧毁。慢性病猪难以治愈，应立即淘汰。未发病的猪可用药物预防，待疫情稳定后，再用菌苗免疫1次。

2.治疗

发现病猪及可疑病猪立即隔离治疗。效果最好的抗生素是庆大霉素，其次是氨苄青霉素、青霉素等。但巴氏杆菌易产生耐药性，因此，抗生素要交叉使用。庆大霉素1~2毫克/千克，氨苄青霉素4~11毫克/

千克，均为每日 2 次肌内注射，直到体温下降，食欲恢复为止。另外，磺胺嘧啶 1 000 毫克，黄素碱 400 毫克，复方甘草合剂 600 毫克，大黄末 2 000 毫克，调匀为一包，体重 10~25 千克的猪服 1~2 包，5~50 千克的猪服 2~4 包，50 千克以上 4~6 包，每 4~6 小时服 1 次，均有一定效果。

三、猪传染性萎缩性鼻炎

猪传染性萎缩性鼻炎（AR）又称慢性萎缩性鼻炎或萎缩性鼻炎，是由支气管败血波氏杆菌和产毒素多杀性巴氏杆菌引起的猪的一种慢性接触性呼吸道传染病。它以鼻炎、鼻中隔扭曲、鼻甲骨萎缩和病猪生长迟缓为特征，临诊表现为打喷嚏、鼻塞、流鼻涕、鼻出血、颜面部变形或歪斜，常见于 2~5 月龄猪。目前已将这种疾病归类于两种表现形式：非进行性萎缩性鼻炎（NPAR ）和进行性萎缩性鼻炎（PAR）。

（一）病原

大量研究证明，产毒素多杀性巴氏杆菌（Toxigenic Pasteurella multocida，T+Pm）和支气管败血波氏杆菌（Bordetellcz bronchiseptica，Bb）是引起猪萎缩性鼻炎的病原。

（二）流行特点

各种年龄的猪均易感，但以仔猪最为易感，主要是带菌母猪通过飞沫，经呼吸道传播给仔猪。不同品种的猪易感性有差异，外种猪易感性高，而国内土种猪发病较少。本病在猪群中流行缓慢，多为散发或呈地方流行性。饲养管理不当和环境卫生较差等常使发病率升高。本病无季节性，任何年龄的猪都可以感染，仔猪症状明显，大猪较轻，成年猪基本不表现临床症状。病猪和带菌猪是本病的主要传染源，病原体随飞沫，通过接触经呼吸道传播。

（三）临诊症状

AR 早期临诊症状，多见于 6~8 周龄仔猪。表现为鼻炎，打喷嚏、

流涕和吸气困难。流涕为浆液、黏液脓性渗出物，个别猪因强烈喷嚏而发生鼻出血。病猪常因鼻炎刺激黏膜而表现不安，如摇头、拱地、搔抓或摩擦鼻部直至摩擦出血。发病严重猪群可见患猪两鼻孔出血不止，形成两条血线。圈栏、地面和墙壁上布满血迹。吸气时鼻孔开张，发出鼾声，严重的张口呼吸。由于鼻泪管阻塞，泪液增多，在眼内眦下皮肤上形成弯月形的湿润区，被尘土沾污后黏结成黑色痕迹，称为"泪斑"。

继鼻炎后常出现鼻甲骨萎缩，致使鼻梁和面部变形，此为 AR 特征性临诊症状。如两侧鼻甲骨病理损伤相同时，外观可见鼻短缩，此时因皮肤和皮下组织正常发育，使鼻盘正后部皮肤形成较深的皱褶；若一侧鼻甲骨萎缩严重，则使鼻弯向同一侧；鼻甲骨萎缩，额窦不能正常发育，使两眼间宽度变小和头部轮廓变形。病猪体温、精神、食欲及粪便等一般正常，但生长停滞，有的成为僵猪。

鼻甲骨萎缩与猪感染时的周龄、是否发生重复感染以及其他应激因素有非常密切的关系。如周龄愈小，感染后出现鼻甲骨萎缩的可能性就愈大愈严重。一次感染后，若无发生新的重复或混合感染，萎缩的鼻甲骨可以再生。有的鼻炎延及筛骨板，则感染可经此而扩散至大脑，发生脑炎。此外，病猪常有肺炎发生，可能是因鼻甲骨结构和功能遭到损坏，异物或继发性细菌侵入肺部造成，也可能是主要病原（Bb 或 T+Prn）直接引发肺炎的结果。因此，鼻甲骨的萎缩促进肺炎的发生，而肺炎又反过来加重鼻甲骨萎缩（图 4-16）。

图 4-16　猪传染性萎缩性鼻炎，嘴向左侧偏斜

（四）病理变化

病理变化一般局限于鼻腔和邻近组织，最特征的病理变化是鼻腔的软骨和鼻甲骨的软化和萎缩，特别是下鼻甲骨的下卷曲最为常见。另外也有萎缩限于筛骨和上鼻甲骨的。有的萎缩严重，甚至鼻甲骨消失，而只留下小块黏膜皱褶附在鼻腔的外侧壁上。

鼻腔常有大量的黏液脓性甚至干酪性渗出物，随病程长短和继发性感染的性质而异。急性时（早期）渗出物含有脱落的上皮碎屑。慢性时（后期），鼻黏膜一般苍白，轻度水肿。鼻窦黏膜中度充血，有时窦内充满黏液性分泌物。病理变化转移到筛骨时，当除去筛骨前面的骨性障碍后，可见大量黏液或脓性渗出物的积聚。

（五）诊断

依据频繁喷嚏、吸气困难，鼻黏膜发炎、鼻出血、生长停滞和鼻面部变形易做出现场诊断。有条件者，可用 X 射线做早期诊断。用鼻腔镜检查也是一种辅助性诊断方法。

1. 病理解剖学诊断

是目前最实用的方法。一般在鼻黏膜、鼻甲骨等处可以发现典型的病理变化。沿两侧第一、二对前臼齿间的连线锯成横断面，观察鼻甲骨的形状和变化。正常的鼻甲骨明显地分为上下两个卷曲。上卷曲呈现两个完全的弯转，而下卷曲的弯转则较少，仅有一个或 1/4 弯转，有点像钝的鱼钩，鼻中隔正直。当鼻甲骨萎缩时，卷曲变小而钝直，甚至消失。但应注意，如果横切面锯得太前，因下鼻甲骨卷曲的形状不同，可能导致误诊。也可以沿头部正中线纵锯，再用剪刀把下鼻甲骨的侧连接剪断，取下鼻甲骨，从不同的水平做横断面，依据鼻甲骨变化，进行观察和比较做出诊断。这种方法较为费时，但采集病料时不易污染。

2. 微生物学诊断

目前主要是对 T+Pm 及 Bb 两种主要致病菌的检查，尤其是对 T+Pm 的检测是诊断 AR 的关键。鼻腔拭子的细菌培养是常用的方法。先保定好动物，清洗鼻的外部，将带柄的棉拭子（长约 30 厘米）插入鼻腔，轻轻旋转，把棉拭子取出，放入无菌的 PBS 中，尽快地进行培养。

T+Pm 分离培养可用血液、血清琼脂或胰蛋白大豆琼脂。出现可疑菌落，移植生长后，根据菌落形态、荧光性、菌体形态、染色与生化反应进行鉴定。是否为产毒素菌株可用豚鼠皮肤坏死试验和小鼠致死试验，也可用组织细胞培养病理变化试验、单克隆抗体 ELISA 或 PCR 方法判断。

Bb 分离培养一般用改良麦康凯琼脂（加 1% 葡萄糖，pH 值 7.2）、5% 马血琼脂或胰蛋白胨琼脂等。对可疑菌落可根据其形态、染色、凝集反应与生化反应进行鉴定，再用抗 K 抗原和抗 O 抗原血清作凝集试验来确认细菌。Bb 有抵抗呋喃妥因（最小抑菌浓度大于 200 微克 / 毫升）的特性，用滤纸法（300 微克 / 纸片）观察抑菌圈的有无，可以鉴别本菌与其他革兰氏阴性球杆菌。取分离培养物 0.5 毫升腹腔接种豚鼠，如为本菌可于 24~48 小时发生腹膜炎而致死。剖检见腹膜出血，肝、脾和部分大肠有黏性渗出物并形成假膜。用培养物感染 3~5 日龄健康猪，经 1 个月临诊观察，再经病理学和病原学检查，结果最为可靠。

3. 血清学诊断

猪感染 T+Pm 和 Bb 后 2~4 周，血清中即出现凝集抗体，至少维持 4 个月，但一般感染仔猪需在 12 周龄后才可检出。有些国家采用试管血清凝集反应诊断本病。

此外，尚可用荧光抗体技术和 PCR 技术进行诊断。已经有双重 PCR 同时检测 T+Pm 和 Bb，其灵敏度和特异性比其他方法更高。

应注意本病与传染性坏死性鼻炎和骨软病的区别。前者由坏死杆菌所致，主要发生于外伤后感染，引起软组织及骨组织坏死、腐臭，并形成溃疡或瘘管；骨软病表现头部肿大变形，但无喷嚏和流泪临诊症状，有骨质疏松变化，鼻甲骨不萎缩。

（六）防治措施

1. 预防

（1）加强管理　引进猪时做好检疫、隔离工作，本场发现后立即淘汰阳性猪。同时改善环境卫生，降低饲养密度，保持猪舍清洁、通风、干燥、卫生，定期消毒，严格建立卫生防疫制度，消除应激因素，定期对猪舍进行消毒。

（2）免疫接种　应用支气管败血波氏杆菌和产毒素多杀巴氏杆菌二联灭活苗免疫后备母猪，配种前免疫 2 次，间隔 21 天；没有免疫过的初产母猪，妊娠第 80 天、100 天各免疫一次；经产母猪妊娠 80 天左右免疫；种公猪每年注射 2 次；仔猪于 4 周龄及 8 周龄各免疫一次。

2. 治疗

① 青霉素，肌内注射，每千克体重 2 万~3 万单位，每日 2 次。

② 链霉素，肌内注射，每千克体重 10 毫克，每日 2 次。

③ 盐酸土霉素，肌内注射，每千克体重 5~10 毫克，每日 2 次，连用 2~3 日。长效盐酸土霉素，肌内注射，一次量，每千克体重 10~20 毫克，每日 1 次，连用 2~3 次。

④ 泰乐菌素，肌内注射，每千克体重 5~13 毫克，每日 2 次，连用 7 日。

⑤ 硫酸卡那霉素注射液，肌内注射，一次量，每千克体重 10~15 毫克，一日 2 次，连用 3~5 日。

还可用磺胺类药物等治疗。

四、猪链球菌病

猪链球菌病是一种人兽共患传染病。猪常发生化脓性淋巴结炎、败血症、脑膜脑炎及关节炎。败血症型和脑膜脑炎型的病死率较高，对养猪业的发展有较大的威胁。

（一）病原

猪链球菌病的病原体为多种溶血性链球菌。它呈链状排列，为革兰氏阳性球菌。不形成芽孢，有的可形成荚膜。需氧或兼性厌氧，多数无鞭毛。本菌抵抗力不强，对干燥、湿热均较敏感，常用消毒药都易将其杀死。

147

（二）流行特点

链球菌广泛分布于自然界。人和多种动物都有易感性，猪的易感性较高。各种年龄的猪均可感染，但败血症型和脑膜脑炎型多见于仔猪；化脓性淋巴结炎型多见于中猪。病猪、临床康复猪和健康猪均可带菌，当它们互相接触时，可通过口、鼻、皮肤伤口传染，一般呈地方流行性。

（三）临床症状

本病临床上可分为4型。

1. 败血症型

初期常呈最急性流行，往往头晚未见任何症状，次晨已死亡；或者停食，体温41.5~42.0℃，精神委顿，腹下有紫红斑，也往往死亡。急性病例，常见精神沉郁，体温41℃左右，呈稽留热，食欲减退或废绝，眼结膜潮红，流泪，有浆液性鼻液，呼吸浅表而快。有些病猪在患病后期，耳尖、四肢下端、腹下有紫红色或出血性红斑，有跛行，病程2~4天。

2. 脑膜脑炎型

病初体温升高，不食，便秘，有浆液性或黏液性鼻液。继而出现运动失调，转圈，空嚼，磨牙，仰卧，直至后躯麻痹，侧卧于地，四肢作游泳状划动等神经症状，甚至昏迷不醒。部分猪出现多发性关节炎，病程1~2天。

3. 关节炎型

由前两型转来，或者原发性关节炎症状。表现一肢或几肢关节肿胀、疼痛，有跛行，甚至不能起立。病程2~3周（图4-17）。

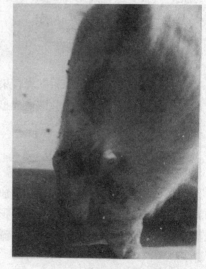

图4-17　后肢跗关节肿胀

值得注意的是，上述 3 型很少单独发生，常常混合存在或相伴发生。

4.化脓性淋巴结炎（淋巴结脓肿）型

多见于颌下淋巴结、咽部和颈部淋巴结肿胀，坚硬，热痛明显，影响采食、咀嚼、吞咽和呼吸。有的咳嗽、流鼻液。至化脓成熟，肿胀中央变软，皮肤坏死，自行破溃流脓，以后全身症状好转，局部逐渐痊愈。病程一般为 3~5 周。

（四）病理变化

败血症型死后剖检，呈现败血症变化，各器官充血、出血明显，心包液增量，脾肿大，各浆膜有浆液性炎症变化等（图 4-18）。脑膜脑炎型死后剖检，脑膜充血、出血，脑脊髓液浑浊、增量，有多量的白细胞，脑实质有化脓性脑炎变化等。关节炎型死后剖检，关节囊内有黄色胶脓样液体或纤维素性脓性物质。

图 4-18　脾脏被纤维素性渗出物包裹

（五）诊断

1.实验室检查

根据不同的病型采取相应的病料，如脓肿、化脓灶、肝、脾、肾、血液、关节囊液、脑脊髓液及脑组织等，制成涂片，用碱性美蓝染色液和革兰氏染色液染色，显微镜检查，见到单个、成对、短链或呈长链的球菌，革兰氏染色呈紫色（阳性），可以确认为本病。也可进行细菌分离培养鉴定。

2. 鉴别诊断

败血症型猪链球菌病易与急性猪丹毒、猪瘟相混淆，应注意区别。

（六）防治措施

1. 预防

应及时采取以下措施。

① 清除传染源　病猪隔离治疗，带菌母猪尽可能淘汰。污染的用具和环境用 3% 来苏水液或 1/300 的菌毒敌彻底消毒。急宰猪或宰后发现可疑病变的猪屠体，经高温处理后方可食用。

② 除去感染因素　猪圈和饲槽上的钉头、铁片、碎玻璃、尖石头等能引起外伤的尖锐物体，一律清除。新生仔猪，应立即无菌结扎脐带，并用碘酊消毒。

2. 治疗

按不同病型进行相应治疗。

对淋巴结脓肿，待脓肿成熟后，及时切开，排除脓汁，用 3% 双氧水或 0.1% 高锰酸钾液冲洗后，涂以碘酊。对败血症型及脑膜脑炎型，早期要大剂量使用抗生素或磺胺类药物。青霉素 40 万~100 万单位 /（头次），每天肌内注射 2~4 次；庆大霉素 1~2 毫克 / 千克体重，每日肌内注射 2 次。环丙沙星 2.5~10.0 毫克 / 千克体重，每 12 小时注射 1次，连用 3 天，疗效明显。

五、猪支原体肺炎

猪支原体肺炎又称猪气喘病，又名猪地方流行性肺炎，是猪的一种慢性肺病。主要临床症状是咳嗽和气喘。本病分布很广，我国许多地区都有发生。

（一）病原

猪气喘病病原体是猪肺炎霉形体，具有多形性的特点，常见的形态为球状、杆状、丝状及环状。猪肺炎霉形体的大小不一，对姬姆萨或瑞特氏染色液着色不良，革兰氏阴性。猪肺炎霉形体对外界环境的抵抗力不强，在室温条件下 36 小时即失去致病力，在低温或冻干条件下可保存较长时间。一般消毒药都可迅速将其杀死。

（二）流行特点

大小猪均有易感性。其中哺乳仔猪及幼猪最易发病，其次是妊娠后期及哺乳母猪。成年猪多呈隐性感染。主要传染源是病猪和隐性感染猪，病原体长期存在于病猪的呼吸道及其分泌物中，随咳嗽和喘气排出体外后，通过接触经呼吸道而使易感猪感染。因此，猪舍潮湿，通风不良，猪群拥挤，最易感染发病。

本病的发生没有明显的季节性，但以冬春季节较多见。新疫区常呈暴发性流行，症状重，发病率和病死率均较高，多呈急性经过。老疫区多呈慢性经过，症状不明显，病死率很低，当气候骤变、阴湿寒冷、饲养管理和卫生条件不良时，可使病情加重，病死率增高。如有巴氏杆菌、肺炎双球菌、支气管败血波氏杆菌等继发感染，可造成较大的损失。

（三）临床症状

潜伏期 10~16 天。主要症状为咳嗽和气喘。病初为短声连咳，在早晨出圈后受到冷空气的刺激，或经驱赶运动和喂料的前后最容易听到，同时流少量清鼻液，病重时流灰白色黏性或脓性鼻液。在病的中期出现气喘症状，呼吸每分钟达 60~80 次，呈明显的腹式呼吸，此时咳嗽少而低沉。体温一般正常，食欲无明显变化。后期则气喘加重，甚至张口喘气，同时精神不振，猪体消瘦，不愿走动。这些症状可随饲养管理和生活条件的变化而减轻或加重，病程可拖延数月，病死率一般不高。

隐性型病猪没有明显症状，有时发生轻咳，全身状况良好，生长发育几乎正常，但 X 线检查或剖检时，可见到气喘病病灶。

（四）病理变化

病变局限于肺和胸腔内的淋巴结。病变由肺的心叶开始，逐渐扩展到尖叶、中间叶及膈叶的前下部。病变部与健康组织的界限明显，两侧肺叶病变分布对称，呈灰红色或灰黄色、灰白色，硬度增加，外观似肉样，俗称"胰样"或"虾肉样"变，切面组织致密，可从小支气管挤出灰白色、混浊、黏稠的液体，支气管淋巴结和纵膈淋巴结肿大，切面黄白色，淋巴组织呈弥漫性增生。急性病例，有明显的肺气肿病变。

（五）诊断

1. 实验室诊断

对早期的病猪和隐性病猪进行 X 线检查，可以达到早期诊断的目的，常用于区分病猪和健康猪，以培育健康猪群。目前，临床上应用较多的是凝集试验和琼脂扩散试验，主要用于猪群检疫。

2. 鉴别诊断

应与猪流行性感冒、猪肺疫、猪传染性胸膜肺炎、猪肺丝虫病和蛔虫病相鉴别。

（六）防治措施

1. 预防

应采取综合性防疫措施，以控制本病发生和流行。从外地购入种猪时，应作 1~2 次 X 线透视检查，或做血清学试验，并经隔离观察 3 个月，确认健康时，方能并入健康猪群。关过病猪的猪圈，应空圈 7 天，进行严格消毒后，才可放进健康猪。

发生本病后，应对猪群进行 X 线透视检查或血清学试验。病猪隔离治疗，就地淘汰。未发病猪可用药物预防。同时要加强消毒和防疫接种工作。

目前，有 2 种弱毒菌苗：一种是猪气喘病冻干兔化弱毒菌苗，攻毒保护率 79%，免疫期 8 个月；另一种是猪气喘病 168 株弱毒菌苗，攻毒保护率 84%，免疫期 6 个月。2 种菌苗只适于疫场（区）使用，都必

须注入肺内才能产生免疫效果，但是免疫力产生的时间缓慢，约在 60
天以后产生较强的免疫力。

2. 治疗

治疗方法很多，多数只能临床治愈，不易根除病原。而且疗效与病
情轻重、猪的抵抗力、饲养管理条件、气候等因素有密切关系。

（1）盐酸土霉素 每日 30~40 毫克 / 千克体重，用灭菌蒸馏水或
0.25% 普鲁卡因或 4% 硼砂溶液稀释后肌内注射，每天 1 次，连用 5~7
天为一疗程。重症可延长 1 个疗程。

（2）硫酸卡那霉素 用量 20~30 毫克 / 千克体重，每天肌内注射 1
次，5 天为 1 疗程。也可气管内注射。与土霉素碱油剂交替使用，可以
提高疗效。

（3）泰乐菌素 用量 10 毫克 / 千克体重，肌内注射，每天 1 次，
连用 3 天为 1 疗程。

（4）洁霉素 每吨饲料 0.2 千克或金霉素每吨饲料 0.05~0.2 千克，
连喂 3 周。

六、猪副嗜血杆菌病

猪副嗜血杆菌病是由猪副嗜血杆菌引起的猪的多发性浆膜炎和关节
炎，主要临诊症状为发热、咳嗽、呼吸困难、消瘦、跛行、共济失调和
被毛粗乱等。剖检病理变化表现为胸膜炎、肺炎、心包炎、腹膜炎、关
节炎和脑膜炎等。此外，猪副嗜血杆菌还可引起败血症，并且可能留下
后遗症，即母猪流产、公猪慢性跛行。

（一）流行病学

本病具有明显的季节性，主要发生在气候剧变的寒冷季节，仔猪，
尤其是断乳后 10 天左右的仔猪最敏感多发。病猪和带菌猪是主要的传
染源，呼吸道是主要的传播途径，也可经消化道感染，常与其他疾病混
合感染，加速疾病的发生。

（二）临诊症状

临诊症状取决于炎性损伤的部位，在高度健康的猪群，发病很快，接触病原后几天内就发病。临诊症状包括发热、食欲不振、厌食、反应迟钝、呼吸困难、咳嗽、疼痛（尖叫）、关节肿胀、跛行、颤抖、共济失调、可视黏膜发绀、侧卧、消瘦和被毛凌乱，随之可能死亡。急性感染后可能留下后遗症，即母猪流产、公猪慢性跛行。即使应用抗生素治疗感染母猪，分娩时也可能引发严重疾病，哺乳母猪的慢性跛行可能引起母性行为极端弱化。

（三）病理变化

眼观病变主要是在单个或多个浆膜面，可见浆液性和化脓性纤维蛋白渗出物，包括腹膜、心包膜和胸膜，损伤也可能涉及脑和关节表面，尤其是腕关节和跗关节。在显微镜下观察渗出物，可见纤维蛋白、中性粒细胞和较少量的巨噬细胞。猪副嗜血杆菌也可能引起急性败血症，在不出现典型的浆膜炎时就呈现发绀、皮下水肿和肺水肿，乃至死亡。此外，猪副嗜血杆菌还可能引起筋膜炎、肌炎以及化脓性鼻炎等。

（四）诊断

根据流行病学调查、临诊症状和病理变化，结合对病畜的治疗效果，可对本病做出初步诊断，确诊有赖于细菌学检查。但细菌分离培养往往很难成功，因为猪副嗜血杆菌十分娇嫩。因此在诊断时不仅要对有严重临诊症状和病理变化的猪进行尸体剖检，还要对处于疾病急性期的猪在应用抗生素之前采集病料进行细菌的分离鉴定。根据猪副嗜血杆菌16S rRNA序列设计引物对原代培养的细菌进行PCR可以快速而准确地诊断出猪副嗜血杆菌病。另外，还可通过琼脂扩散试验、补体结合试验和间接血凝试验等血清学方法进行确诊。

鉴别诊断应注意与其他败血性细菌感染相区别，能引起败血性感染的细菌有链球菌、巴氏杆菌、胸膜肺炎放线杆菌、猪丹毒丝菌、猪放线杆菌、猪霍乱沙门氏菌以及大肠埃希菌等。另外，3~10周龄猪的支原体多发性浆膜炎和关节炎也往往出现与猪副嗜血杆菌感染相似的损伤。

（五）防治措施

1. 预防

① 由于各种菌株的致病力和血清型不同，不可能有一种灭活疫苗同时对所有的致病菌株产生交叉免疫力。

② 加强管理为主，做好圈舍的防寒保暖、通风换气、清洗消毒工作，保持清洁卫生，供给全价优质的饲料，提高机体抵抗力。

2. 治疗

① 泰乐菌素注射液，肌内注射，每千克体重 5~13 毫克，每日 2 次，连用 7 日。

② 氟苯尼考注射液，肌内注射，每千克体重 20 毫克，48 小时 1 次，连用 2 次。

③ 泰乐菌素 + 磺胺二甲嘧啶预混剂，混饲，每吨饲料 100 克，连用 5~7 日。

④ 硫酸庆大小诺霉素注射液，肌内注射，一次量，每千克体重 1~2 毫克，一日 2 次。

七、猪布鲁氏菌病

该病分布于全世界各地，或者说只要有猪存在的地方就有该病的发生。在中国南部该病主要由 3 亚型引起，在新加坡该病主要由 1 亚型引起。

（一）病原

猪布氏杆菌（B B.suis）1 和 3 亚型的宿主是猪，这两个亚型在世界上广泛分布。猪布氏杆菌是唯一一种能引起多系统功能障碍的布氏杆菌，并且能在猪上引起繁殖障碍。

（二）流行病学

本病无明显的季节性。易感动物较多，如牛、猪、山羊、绵羊等，后备猪易感。病猪和带菌猪是主要的传染源，病原菌随精液、乳汁、流产胎儿、胎衣、子宫阴道分泌物等排出体外，主要经消化道感染，也可在配种时通过皮肤、黏膜感染。

（三）临床症状

不同种群感染布氏杆菌后，其临床症状差别很大。大多数种群感染布氏杆菌后不表现任何症状。猪布氏杆菌病的典型症状是流产、不孕、睾丸炎、瘫痪和跛行。感染猪表现出间歇热。表现临床症状时间很短，死亡率很低。

流产可以发生在妊娠的任何时候，主要同感染时间有关。引发的流产率很高。感染布氏杆菌猪流产最早的报道发生在妊娠17天。早期的流产通常被忽视，而只有大批的妊娠后流产才容易引起注意。早期流产阴道的分泌物较少，也是未能引起注意的原因之一。妊娠35或40天后再感染布氏杆菌，则会在妊娠晚期流产。

少部分母猪在流产后阴道会有异常分泌物，而这可能持续到30日之久。然而，大多数都仅持续30天左右。临床上，异常的阴道分泌物多出现在妊娠前就有子宫内感染时发生。大多数的母猪都会自愈。

母猪在流产、分娩或哺育后感染仅会持续很短的一段时间，在经过2~3个发情期后，其生殖能力就会恢复。

生殖器感染在公猪中更常见。一些感染的公猪很难自愈。在一些雄性生殖腺内的病理学改变比在母猪子宫中引起的更广泛。受到感染的公猪可能引起不育症。两个睾丸及生殖腺受到感染，而使得精液中含有布氏杆菌。

在吃奶和断奶仔猪中如有感染，则易出现瘫痪和跛行，而各个年龄段的猪感染后均可能出现瘫痪和跛行症状。

（四）病理特点

感染布氏杆菌病猪的宏观病理变化差别很大，包括器官脓肿及黏膜脱落等。一般来说，组织病理学改变主要包括性腺内有大量白细胞渗出，子宫内膜等组织的细胞增生。胎盘组织会出现化脓性炎症，从而导致化脓性、坏死性胎盘炎。组织病理学变化主要是上皮细胞坏死和纤维组织的弥漫性增生。

对患有布氏杆菌病猪的肝脏进行组织病理学观察，菌血症期间在显微镜下可见到空泡样损伤。

猪布氏杆菌感染有时也会引起骨骼的损伤。椎骨和长骨最容易受到侵害。这些损伤的部位通常邻近软骨组织，也形成中心是巨噬细胞和白细胞，外周有纤维囊包裹的病变。

而肾脏、脾脏、脑、卵巢、肾上腺、肺和其他受到感染的组织则容易出现慢性化脓性炎症。

（五）诊断

最准确和特异的诊断方法是直接分离培养布氏杆菌。实践已经证明利用病死畜的淋巴结分离细菌的方法确诊比血清学诊断要有效的多。

检查受到感染猪体内是否含有猪布氏杆菌抗原的方法也已经比较成熟，如利用荧光抗体检测，如用荧光抗体检测技术（FA）也可以进行诊断。近来一些新兴的检测方法也可望用于布氏杆菌的诊断，如 PCR 方法等也有望用于有些特定的样品。

利用检测抗体的血清学方法是目前最常规的用于检测猪布氏杆菌病的方法，但检测结果可信度差。

（六）防治措施

1. 预防

① 加强管理，定期检疫。对 5 月龄以上的猪进行检疫，经免疫的猪，1~2.5 年后再进行检疫，疫区每年检疫 2 次。

② 严格消毒，进行无害化处理。制定严格的消毒制度，对流产的胎儿、胎衣、粪便及被污染的垫草等杂物要进行深埋或生物热发酵处理。对检疫为阳性的猪立即屠宰，做无害化处理。

③ 免疫预防。接种猪二号弱毒菌苗，任何年龄的猪都能接种，严格按照说明书使用。种公猪不免疫，每半年检疫 1 次，阳性猪立即淘汰。

④ 隔离封锁。发现本病，立即隔离封锁，严禁人员流动，严格消毒，扑杀病猪，做无害化处理。待全场无临床症状出现后进行检疫，发现阳性猪实行淘汰，3~6 个月检疫 2 次，2 次全部为阴性的猪群可认为已根除本病。

2. 治疗

无特效药，可用青霉素。

八、猪副伤寒

猪副伤寒又称猪沙门氏菌病，由于它主要侵害 2~4 月龄仔猪，也称仔猪副伤寒，是一种较常见的传染病。临床上分为急性和慢性两型。急性型呈败血症变化，慢性型在大肠发生弥漫性纤维素性坏死性肠炎变化，表现慢性下痢，有时发生卡他性或干酪性肺炎。

（一）病原

猪副伤寒病原体是猪霍乱沙门氏菌和猪伤寒沙门氏菌，属革兰氏阴性杆菌，不产生芽孢和荚膜，大部分菌有鞭毛，能运动。此类菌常存在于病猪的各脏器及粪便中，对外界环境的抵抗力较强，在粪便中可存活 1~2 个月，在垫草上可存活 8~20 周，在冻土中可以过冬，在 10%~19% 食盐腌肉中能生存 75 天以上。但对消毒药的抵抗力不强，用 3% 来苏水、福尔马林等能将其杀死。

（二）流行特点

本病主要发生于密集饲养的断奶后的仔猪，成年猪及哺乳仔猪很少发生。其传染方式有两种：一种是由于病猪及带菌猪排出的病原体污染了饲料、饮水及土壤等，健康猪吃了这些污染的食物而感染发病；另一种是病原体存在于健康猪体内，但不表现症状，当饲养管理不当，寒冷潮湿，气候突变，断乳过早，有其他传染病或寄生虫病侵袭，使猪的体质减弱，抵抗力降低时，病原体即乘机繁殖，毒力增强而致病。本病呈散发，若有恶劣因素的严重刺激，也可呈地方流行。

（三）临床症状

潜伏期 3~30 天。临床上分为急性型和慢性型。

1. 急性型（败血型）

多见于断奶后不久的仔猪。病猪体温升高（41~42℃）、食欲不振、精神沉郁、病初便秘、以后下痢，粪便恶臭，有时带血，常有腹部疼痛症状，弓背尖叫。耳部、腹部及四肢皮肤呈深红色，后期呈青紫色。最后病猪呼吸困难、体温下降、偶尔咳嗽、痉挛，一般经 4~10 天死亡。

2. 慢性型（结肠炎型）

此型最为常见，多发生于 3 月龄左右猪，临床表现与肠型猪瘟相似。体温稍高、精神不振、食欲减退、反复下痢、粪便呈灰白色、淡黄色或暗绿色，形同粥状，有恶臭，有时带血和坏死组织碎片，以后逐渐脱水消瘦，皮肤上出现弥漫性湿疹。有些病猪发生咳嗽，病程 2~3 周或更长，最后衰竭死亡。

（四）病理变化

1. 急性型

主要是败血症变化。耳及腹部皮肤有紫斑。淋巴结出现浆液性和充血出血性肿胀；心内膜、膀胱、咽喉及胃黏膜出血；脾肿大，呈橡皮样暗紫色；肝肿大，有针尖大至粟粒大灰白色坏死灶；胆囊黏膜坏死；盲肠、结肠黏膜充血、肿胀，肠壁淋巴小结肿大；肺水肿，充血。

2. 慢性型

主要病变在盲肠和大结肠。肠壁淋巴小结先肿胀隆起，以后发生坏死和溃疡，表面被覆有灰黄色或淡绿色麸皮样物质，以后许多小病灶逐渐扩大融合在一起，形成弥漫性坏死，肠壁增厚。肝、脾及肠系膜淋巴结肿大，常见到针尖大至粟粒大的灰白色坏死灶，这是猪副伤寒的特征性病变。肺偶尔可见卡他性或干酪样肺炎病变（图 4-19、图 4-20）。

图 4-19　脾脏肿大

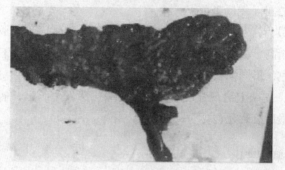

图 4-20　大肠黏膜表面有糠麸样的伪膜

（五）诊断

1. 实验室诊断

对急性型病例诊断有困难时，可采取肝、脾等病料做细菌分离培养鉴定。也可做免疫荧光试验。

2. 鉴别诊断

应与猪瘟、猪痢疾相区别。

（六）防治措施

1. 预防

加强饲养管理，初生仔猪应争取早吃初乳。断奶分群时，不要突然改变环境，猪群尽量分小一些，在断奶前后（1月龄以上），应口服或肌内注射仔猪副伤寒弱毒冻干菌苗等预防。

发病后，将病猪隔离治疗，被污染的猪舍应彻底消毒。病愈猪多数带菌，应予以淘汰。病死的猪不能食用，以防食物中毒。未发病的猪可用药物预防，在每吨饲料中加入金霉素 0.1 千克，有一定的预防作用。

2. 治疗

（1）抗生素疗法　常用的是盐酸蒽诺沙星、卡那霉素等抗生素，用量按说明。

（2）磺胺类疗法　磺胺增效合剂疗效较好。磺胺甲基异噁唑 20~40 毫克／千克体重，加甲氧苄氨嘧啶，用量 4~8 毫克／千克体重，混合后分 2 次内服，连用 1 周。或用复方新诺明，用量 70 毫克／千克体重，首次加倍，每日内服 2 次，连用 3~7 天。

（3）大蒜疗法　将大蒜 5~25 克捣成蒜泥，或制成大蒜酊内服，1 日 3 次，连服 3~4 天。

九、猪炭疽

炭疽病是人兽共患的急性、烈性传染病。猪炭疽多为咽喉型，在咽喉部显著肿胀。

（一）病原

炭疽病的病原体是炭疽杆菌。该菌为革兰氏阳性的大杆菌，在体内细菌能在菌体周围形成很厚的荚膜；在体外细菌能在菌体中央形成芽孢，它是唯一有致病性的需氧芽孢杆菌。芽孢具有很强的抵抗力，在土壤中能存活数十年，在皮毛和水中能存活 4~5 年。煮沸需 15~25 分钟才能杀死芽孢。消毒药物中以碘溶液、过氧乙酸、高锰酸钾及漂白粉对芽孢的杀死力较强，所以临床上常用 20% 漂白粉、0.1% 碘溶液、0.5% 过氧乙酸作为消毒剂。

（二）流行特点

各种家畜及人均有不同程度的易感性，猪的易感性较低。病畜的排泄物及尸体污染的土壤中，长期存在着炭疽芽孢，当猪食入含大量炭疽芽孢的食物（如被炭疽污染的骨粉等）或吃了感染炭疽的动物尸体时，即可感染发病。本病多发生于夏季，呈散发或地方性流行。

（三）临床症状

潜伏期一般为 2~6 天。根据侵害部位分以下几种类型。

1. 咽喉型

主要侵害咽喉及胸部淋巴结。开始咽喉部显著肿胀，渐渐蔓延至头、颈，甚至胸下与前肢内侧。体温升高，呼吸困难，精神沉郁，不吃食，咳嗽，呕吐。一般在胸部水肿出现后 24 小时内死亡。

2. 肠型

主要侵害肠黏膜及其附近的淋巴结。临床表现为不食，呕吐，血痢，体温升高，最后死亡。

3. 败血型

病猪体温升高，不吃食，行动摇摆，呼吸困难，全身痉挛，嘶叫，可视黏膜蓝紫，1~2 天内死亡。

（四）病理变化

咽喉型病变部呈粉红色至深红色，病灶与健康部分界限明显，淋巴结周围有浆液性或浆液出血性浸润。转为慢性时，呈出血性坏死性淋巴结炎变化，病灶切面致密，发硬发脆，呈一致的砖红色，并有散在坏死灶。肠型主要病变为肠管呈暗红色，肿胀，有时有坏死或溃疡，肠系膜淋巴结潮红肿胀。败血型病理剖检时，血液凝固不良、天然孔出血，血液呈黑红色的煤焦油样，咽喉、颈部、胸前部的皮下组织有黄色胶样浸润，各脏器出血明显，实质器官变性，脾脏肿大，呈黑红色。

炭疽病畜一般不做病理解剖检查，防止尸体内的炭疽杆菌暴露在空气中形成炭疽芽孢，变成永久的疫源地。

（五）诊断

1.实验室检查

先从耳尖采血涂片染色镜检。对咽喉部肿胀的病例，可用煮沸消毒的注射器穿刺病变部，抽取病料，涂片染色镜检。采完病料后，用具应立即煮沸消毒。染色方法可用姬姆萨染色法或瑞特氏染色法，也可用碱性美蓝染色液染色，镜检时应多看一些视野，若发现具有荚膜、单个、成双或成短链的粗大杆菌，即可确诊。也可进行环状沉淀试验和免疫荧光试验。

2.类症鉴别

咽喉部肿胀的炭疽病例与最急性猪肺疫相似，但最急性猪肺疫有明显的急性肺水肿症状，口鼻流泡沫样分泌物，呼吸特别困难，从肿胀部抽取病料涂片，用碱性美蓝染色液染色镜检，可见到两端浓染的巴氏杆菌。

（六）防治措施

1.预防

炭疽病是一种烈性传染病，不仅危害家畜，也威胁人类健康。因此，平时应加强对猪炭疽的屠宰检验。发生本病后，要封锁疫点，病死猪和被污染的垫料等一律烧毁，被污染的水泥地用 20% 漂白粉或 0.1% 碘溶液等消毒。若为土地，则应铲除表土 15 厘米，被污染的饲料和饮水均需更换，猪场内未发病猪和猪场周围的猪一律用炭疽芽孢苗注射。弱毒炭疽芽孢苗，每只猪皮下注射 0.5 毫升；第二号炭疽芽孢苗，每只猪皮下注射 1 毫升。最后 1 只病猪死亡或治愈后 15 天，再未发现新病猪时，经彻底消毒后可以解除封锁。

2.治疗

临床上确诊后再行治疗时，已经太晚，难以收到预期效果，所以第 1 个病例都会死亡，从第 2 个病例起，应尽早隔离治疗，用青霉素 40 万~100 万单位静脉注射，每日 3~4 次，连续 5 天，可以收到一定效果。如有抗炭疽血清同时应用，效果更佳。此外，土霉素等也有较好的

疗效。

十、猪密螺旋体痢疾

猪密螺旋体痢疾又称猪痢疾或猪血痢，是一种危害严重的猪肠道传染病。其特征为大肠黏膜发生卡他性出血性炎，进而发展为纤维素性坏死性炎。主要症状为黏液性或黏液出血性下痢。

（一）病原

猪痢疾的原发性病原体为猪痢疾密螺旋体，大肠内固有的厌氧菌能协助螺旋体定居，使病变趋于严重化。猪痢疾密螺旋体有 4~6 个弯曲，两端尖锐，呈螺旋状，长 6~8 微米，有运动力，革兰氏染色阴性，能产生溶血素和有毒性的脂多糖。猪痢疾密螺旋体对外界环境有较强的抵抗力，在 25℃粪内能存活 7 天，在 4℃土壤中能存活 18 天。对消毒药的抵抗力不强，一般的消毒药能迅速将其杀死。

（二）流行特点

本病只发生于猪，最常见于断奶后正在生长发育的猪，仔猪和成猪较少发病。病猪、临床康复猪和无症状的带菌猪是主要传染源，经粪便排菌，病原体污染环境和饲料、饮水后，经消化道感染。易感猪与临床康复 70 天以内的猪同群时，仍可感染发病。在隔离病猪群与健康猪群之间，可通过饲养员的衣、鞋等污染而传播。此外，小鼠和犬感染后也可排菌。

本病的发生无季节性，传播缓慢，流行期长，可长期危害猪群。各种应激因素，如阴雨潮湿，猪舍积粪，气候多变，拥挤，饥饿，运输及饲料变更等，均可促进本病发生和流行。因此，本病一旦传入猪群，很难肃清。在大面积流行时，断乳后的生长发育猪的发病率可高达 90%，经过合理治疗，病死率较低，一般为 5%~25%。

（三）临床症状

潜伏期长短不一，一般为 7~14 天，本病的主要症状是轻重程度不等的腹泻。在污染的猪场，几乎每天都有新病例出现。病程长短不一，偶尔可见最急性病例，病程仅数小时，或无腹泻症状而突然死亡。大多数呈急性型，初期排出黄色至灰色的软便。病猪精神沉郁，食欲减退，体温升高（40.0~40.5℃），当持续下痢时，可见粪便中混有黏液、血液及纤维素碎片，使粪便呈油脂样或胶冻状，呈棕色、红色或黑红色，病猪弓背吊腹，脱水，消瘦，虚弱而死亡或转为慢性型，病程1~2周。慢性病猪表现时轻时重的黏液出血性下痢，粪呈黑色（称黑痢），病猪生长发育受阻，高度消瘦。部分康复猪经一定时间还可复发，病程在2周以上。

（四）病理变化

病死猪解剖病变主要在大肠（结肠、盲肠），而小肠没有病变。急性期病猪的大肠壁和大肠系膜充血、水肿，当病情进一步发展时，大肠壁水肿减轻，而黏膜炎症逐渐加重，由黏液性出血性炎症发展至出血性纤维素性炎症，表层黏膜坏死，形成黏液纤维蛋白伪膜。病变分布部位不定，可能分布于整个大肠部分或仅侵害部分肠段。病的后期，病变区扩大，呈广泛分布。

（五）诊断

1. 实验室诊断

常用镜检法。取新鲜粪便（最好为带血丝的黏液）少许，或取大肠黏膜直接抹片，在空气中自然干燥后经火焰固定，以草酸结晶紫液、姬姆萨氏染色液或复红染色液染色3~5分钟，水洗阴干后，在显微镜下观察，可看到猪痢疾密螺旋体。最可靠的方法是采取大肠病变部一段，两端结扎，送实验室进行病原体的分离培养和鉴定。

对猪群检疫，常用凝集试验，也可用酶联免疫吸附试验或间接血凝试验。猪感染后2~3周出现凝集抗体，4~7周达高峰，可维持12~13周。

2. 鉴别诊断

应与猪副伤寒、传染性胃肠炎、流行性腹泻、仔猪红痢、仔猪白

痢、仔猪黄痢等病鉴别。

（六）防治措施

1. 预防

本病尚无菌苗。在饲料中添加上述药物，可控制本病发生，减少死亡，起到短期的预防作用。彻底消灭本病主要是采取综合性防制措施。禁止从疫区引进种猪，必须引进种猪时，要隔离检疫1个月；在无本病的地区或猪场，一旦发现本病，最好全群淘汰，对猪场彻底清扫和消毒，并空圈2~3个月，经严格检疫后再引进新猪。这样重建的猪群可根除本病。当病猪数量多、流行面广时，可用微量凝集试验或其他方法进行检疫，对感染猪群实行药物治疗，无病猪群实行药物预防，经常性地彻底消毒，及时清除粪便，改进饲养管理，以控制本病的发生。

据报道，有的病猪场采取下列净化措施，收到了良好的效果。每千克饲料加1 000毫升血痢净（主含痢菌净），连喂30天；不吃料的乳猪灌服0.5%痢菌净溶液，每千克体重0.25毫升，每日1次。每周用消毒灵对猪舍和环境消毒1次。每月灭鼠1次。封锁3个月。

2. 治疗

药物治疗有较好的效果，但停药2~3周后，又可复发，较难根治。

（1）痢菌净　治疗量，口服每千克体重5毫克，1日2次，连用3~5天。预防量，每吨饲料0.05千克，可连续使用。

（2）二甲硝基咪唑　治疗用250毫克/升水溶液饮用，连续5天。预防量每吨饲料加0.1千克。

（3）异丙硝哒唑　治疗用50毫克/升水溶液，饮用7天。预防量为每吨饲料加0.05千克。

（4）维吉尼霉素　治疗量为每吨饲料加0.1千克，连用14天。预防量减半。

（5）硫酸新霉素　治疗量为每吨饲料加0.3千克，连用3~5天。

十一、猪附红细胞体病

猪附红细胞体病是猪及多种家畜共患的传染病，人也感染。临床特征是呈现急性黄疸、贫血和发热。

（一）病原

猪附红细胞体病的病原体是猪附红细胞体，属立克次体目，寄生于红细胞，也可游离在血浆中。附红细胞体对干燥和化学药品的抵抗力很低，但耐低温，在 5℃能保存 15 日，在加 15% 甘油的血液中，于 -79℃条件下可保存 80 天。

（二）流行特点

不同年龄和品种的猪均易感，仔猪的发病率和病死率较高。其传播途径尚不清楚。由于附红细胞体寄生于血液内，又多发生于夏季，因此，认为本病的传播与吸血昆虫有关。另外，注射针头、手术器械、交配等也可能传播本病。饲养管理不良、气候恶劣等应激因素或有其他疾病，可使隐性感染猪发病，症状加重。

（三）临床症状

主要表现为皮肤、黏膜苍白，黄疸，后期有些病猪皮肤呈红色（以耳尖和腹下多见），体温升高，精神沉郁，食欲不振。

母猪的症状分为急性和慢性两种：急性感染的症状为持续高热（40.0～41.7℃），厌食，偶有乳房和阴唇水肿，产仔后奶量少，缺乏母性行为，产后第 3 天起逐渐自愈；慢性感染母猪呈现衰弱，黏膜苍白及黄疸，不发情或屡配不孕，如有继发感染或营养不良，可使症状加重，甚至死亡。

（四）病理变化

主要变化为贫血及黄疸。皮下脂肪黄染、血液稀薄、全身性黄疸。肝肿大变性，呈黄棕色，胆囊充盈，胆汁呈胶冻样。脾肿大变软。淋巴结水肿，有时胸腔、腹腔及心包积液。肠系膜淋巴结潮红、肿大（图 4-21），黄染（图 4-22）。

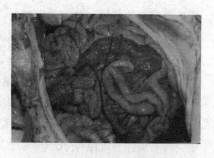

图 4-21　肠系膜淋巴结潮红、　　　图 4-22　肠系膜弥漫性黄染
　　　　肿大、黄染

（五）诊断

实验室诊断：在发热期采取耳尖血，用姬姆萨染色法染色后，显微镜检查可见在红细胞内寄生的病原体，其形态为圆盘状、球状，呈蓝色。一个红细胞内寄生 1 个或数个不等。红细胞多发生变形，呈星芒状等不规则形。

（六）防治措施

1. 预防

应消除一切应激因素，治疗继发感染，提高疗效，控制本病的发生。

2. 治疗

目前，比较有效的药物有贝尼尔、新肿凡纳明、土霉素等。

（1）附红灭　0.05~0.1 毫升 / 千克体重，肌内注射。

（2）新肿凡纳明　10~15 毫克 / 千克体重，静脉注射，在 2~24 小时内，病原体可从血液中消失，在 3 天内症状也可消除。由于副作用较大，目前较少应用。

（3）铁制剂　对阳性反应的、初生不久的贫血仔猪，1~2 日龄注射铁制剂 200 毫克，至 2 周龄再注射同剂量铁制剂 1 次。

十二、猪水肿病

猪水肿病是由病原性大肠杆菌产生的毒素而引起的疾病。其临床特征是突然发病，头部肿胀，运动失调，惊厥和麻痹。多发生于刚断奶的仔猪，发病率虽低，死亡率却高。

（一）病原

猪水肿病病原体大肠杆菌是一种革兰氏阴性的短杆菌，有鞭毛，无芽孢，易在普通琼脂上生长，形成凸起、光滑、湿润的乳白色菌落。本菌对碳水化合物发酵强，在麦康凯琼脂上形成红色菌落，在 SS 琼脂上多数不生长，少数形成深红色菌落。

（二）流行特点

常见于肥胖的刚断奶不久的仔猪，肥育猪或 10 日龄以下的仔猪很少见。在气候骤变、饲料单一的情况下，容易诱发本病。一般呈散发，有时呈地方流行性发生。

（三）临床症状

突然发病，不食，眼睑、头部、颈部水肿，严重的可引起全身水肿，指压水肿部位有压痕。发病初期有神经症状，表现兴奋、转圈、痉挛或惊厥，运动失调，粪尿减少，有的下痢，体温不高，后期后躯麻痹，经过 1~2 天死亡。

（四）病理变化

主要病变为水肿。切开水肿部位，常有大量透明或微黄色液体流出，胃大弯部水肿最明显，大肠和肠系膜高度水肿，呈白色透明胶冻样。体表淋巴结和肠系膜淋巴结肿大。胸腔和腹腔积液。脊髓、大脑皮层及脑干部也有非炎性水肿。

（五）诊断

根据临床症状和病理变化，结合流行情况可作出诊断。

1. 综合诊断

病猪眼睑水肿，叫声嘶哑，共济失调，渐进性麻痹，胃贲门、胃大弯及结肠系膜胶样水肿，淋巴结肿胀等特点，可作出诊断。

2. 鉴别诊断

应注意与伪狂犬病、李氏杆菌病、巴氏杆菌病链球菌病及贫血性水肿、缺硒性水肿等病相区别。

（六）防治措施

1. 预防

应加强仔猪断奶前后的饲养管理，防止饲料单一化，补充富含无机盐类和维生素的饲料，断奶时不要突然改变饲养条件。在哺乳母猪饲料中添加硒和维生素能显著降低猪水肿病的发病率。发现病猪时，可在饲料内添加适量的抗菌药物，如土霉素，用量5~20毫克/千克饲料，也可添加磺胺类药物及大蒜。大蒜的用量为：每日每头仔猪0.01千克左右，连用3天。

2. 治疗

出现症状后再治疗一般难以治愈。应在发现第一个病例后，立即对同窝仔猪进行预防性治疗。对病猪可试用以下处方：卡那霉素（25毫克/毫升）2毫升、5%碳酸氢钠30毫升、25%葡萄糖液40毫升，混合后1次静脉注射，每日2次；同时，肌内注射维生素C（100毫克）2毫升，每日2次。也可用乙酰环丙沙星、恩诺沙星治疗，用法用量按说明书。

十三、仔猪黄、白痢

仔猪黄痢是初生仔猪3日龄发生的一种急性、致死性传染病。以排黄色稀粪为其临床特征的疾病。仔猪白痢是2~3周龄仔猪发生的以排灰白色、糨糊样稀粪为特征的疾病，发病率和病死率均很高。

（一）病原

仔猪黄痢、仔猪白痢的病原体为致病性大肠杆菌，是养猪场常见的传染病。

（二）流行特点

仔猪黄痢主要发生于3日龄左右的乳猪，7日龄以上的乳猪发病极少。仔猪白痢往往发生于2~3周龄。一年四季均可发生，环境卫生的好坏与本病的发生有直接关系，母猪携带致病性大肠杆菌也是发生本病的重要因素。

（三）临床症状

最急性型，看不到明显症状，往往突然死亡。病程稍长，排黄色、白色稀粪，含有凝乳小片，肛门松弛，捕捉时从肛门冒出稀粪（图4-23）。病猪精神不振，不吃奶，很快消瘦、脱水，最后衰竭而死。

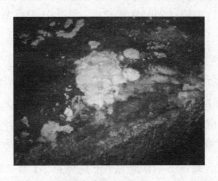

图4-23 粪便呈灰白或黄白色，浆状、糊状

（四）病理变化

颈部、腹部皮下常有水肿，肠内有大量黄色液状内容物和气体，肠黏膜有急性卡他性炎症，肠腔扩张。肠壁很薄，肠黏膜呈红色，病变以十二指肠最为严重，空肠和回肠次之，结肠较轻。肠系膜淋巴结有弥漫性小出血点。肝、肾有小的坏死灶。

（五）诊断

根据其流行情况和症状，一般可作出诊断。

1. 实验室检查

采取小肠前段的内容物，送实验室进行细菌分离培养和鉴定。

2. 鉴别诊断

应与猪传染性胃肠炎、猪流行性腹泻、猪痢疾等相鉴别。

（六）防治措施

1. 预防

改善母猪的饲料质量，保持环境卫生和产房温度。产仔圈舍用火焰喷灯彻底消毒。母猪临产前，对产房彻底清扫、冲洗、消毒，垫上干净垫草。把母猪乳头、乳房和胸腹部洗净，并用0.1%高锰酸钾液消毒，而后挤掉头几滴奶，再放入仔猪哺乳，争取初生仔猪尽早哺喂初乳，使仔猪迅速获得母源抗体，增强抵抗力。在分娩后头3天要每天清扫产房2~3次，保持清洁干燥。同时按程序进行预防注射疫苗。

2. 治疗

一旦发病，应对全群进行紧急预防性治疗。

（1）抗生素和磺胺药物疗法　庆大霉素每次4~11毫克/千克体重，1日2次，口服；4~7毫克/千克体重，一日一次，肌内注射。环丙沙星，2.5~10.0毫克/千克体重，1日2次，肌内注射。壮观霉素，25毫克/千克体重，1日2次，口服。磺胺脒500毫克加甲氧苄氨嘧啶100毫克，研末，每次5~10毫克/千克体重，1日2次。上述药物均需连用3天以上。

（2）微生态制剂疗法　促菌生、乳康生和调痢生3者都有调整肠道内菌群平衡，预防和治疗仔猪黄痢、仔猪白痢的作用。促菌生：于仔猪吃奶前2~3小时，喂3亿活菌，以后每日1次，连服3次。与药用酵母同时喂服，可提高疗效。乳康生：于仔猪出生后每天早晚各服1次、连服2天，以后每隔1周服用1次，可服6周，每头仔猪每次服500毫克（1片）。调痢生：100~150毫克/千克，每日1次，连用3天。但要注意：在服用微生态制剂期间，禁止服用抗菌药物。

第三节 常见猪寄生虫病的防治

一、猪弓形体病

（一）流行病学

本病秋末、冬季发病率高。病畜和带虫动物是主要的感染源，它们的粪便、尿、唾液、乳汁、痰、腹腔液、淋巴结、眼分泌物、肉、蛋、胎盘、流产分泌物及流产胎儿体内和急性期血液内都有滋养体，许多昆虫、蚯蚓和吸血昆虫都可能成为感染源。本病的传播途径较多，可经过消化道、呼吸道、眼结膜和皮肤感染，母体可经胎盘感染。

（二）临床症状

精神不振，厌食，食欲废绝，发烧（40.5~42℃），呈稽留热。呼吸困难，常呈腹式呼吸或犬坐式呼吸。便血或下痢，消瘦。咳嗽、呕吐，鼻腔流出水样或黏液样鼻液。皮肤有紫红色斑，间或有小点出血，耳部发绀，体表淋巴，尤其是腹股沟淋巴结明显肿大。后躯摇晃，卧地不起，共济失调，视力减退、失明，怀孕母猪可发生流产，产死胎、弱仔。

（三）病理变化

皮肤呈弥漫性紫红色或可见大的出血结痂斑点。肺脏肿大，呈暗红色，间质增宽，表面带有光泽，有针尖至粟粒大的出血点和灰白色病灶，切面流出大量粉色混浊带泡沫的液体。肝脏肿大、硬，有针尖大至黄豆大的大小不一的灰白色或灰黄色坏死灶，并有针尖大出血点。胆囊黏膜表面有轻度出血和小的坏死灶。全身淋巴结肿大，切面外翻，多数有粟粒大的灰白色或灰黄色坏死灶及大小不等的出血点。心肌肿胀，脂肪变性，有粟粒大灰白色坏死灶。脾脏肿大不一，有的高度肿大呈镰刀形，被膜下有丘状出血点及灰白色小坏死灶，切面呈暗红色，白髓不清，小梁较明显，见有粟粒大灰白色坏死灶。肾脏黄褐色，除去被膜后表面有针尖大出血点和粟粒大灰白色坏死灶，切面增厚，皮髓质界线不清，也有灰白色坏死灶。胃黏膜稍肿胀，潮红充血，尤以胃底部较明显，并有针尖样出血点或条状出血。肠黏膜充血、潮红、肿胀，并有出血点和出血斑。有的病例在盲肠和结肠有少数散在的大小不一的浅平的溃疡灶。膀胱黏膜有小出血点。胸腔、腹腔及心包有积水（图4-24至图4-26）。

图4-24 肝脏有坏死灶

图4-25 肾脏呈黄褐色，有坏死灶

图4-26 胃溃疡

（四）防治措施

1. 预防

① 猪场严禁养猫，做好防猫灭鼠工作。

② 对病猪的排泄物及流产胎儿、胎衣要做无害化处理，被污染的场地要严格消毒。

③ 严禁饲喂屠宰下脚料和生喂泔水，要做好人的防护。

2. 治疗

及早发现，早期治疗。用药较晚，则效果不理想。

① 磺胺嘧啶，片剂，口服初次量 0.14~0.2 克 / 千克体重，维持量 0.07~0.1 克 / 千克体重，每日 2 次。针剂，静脉或肌内注射，0.07~0.1 克 / 千克体重，每日 2 次，连用 3~4 天。

② 磺胺嘧啶 + 甲氧苄氨嘧啶，肌内注射，前者 0.07 克 / 千克体重，后者 0.014 克 / 千克体重，每日 2 次，连用 3~5 天。

③ 磺胺嘧啶 + 二甲氧苄氨嘧啶（敌菌净），肌内注射，前者 0.07 克 / 千克体重，后者 6 毫克 / 千克体重，每日 2 次，连用 3~5 天。

④ 磺胺间甲氧嘧啶（磺胺 –6– 甲氧嘧啶），内服，首次量 0.05~0.1 克 / 千克体重，维持量 0.025~0.05 克 / 千克体重，每日 2 次，连用 3~5 天。

⑤ 增效磺胺 –5– 甲氧嘧啶注射液，内含 10% 磺胺 –5– 甲氧嘧啶和 2% 甲氧苄氨嘧啶，用量每 10 千克体重不超过 2 毫升，每日 1 次，连用 3~5 天。

二、猪棘球蚴病

棘球蚴病是由寄生于狗、猫、狼、狐狸等肉食动物小肠内的带科棘球属的细粒棘球绦虫的幼虫—棘球蚴寄生于猪，也寄生于牛、羊和人等肝、肺及其他脏器而引起的一种绦虫蚴病。

本病对人畜危害极大，可严重影响患畜的生长发育，甚至造成死亡。而且寄生有棘球蚴的肝、肺及其他脏器按卫生检疫规定，均应被废弃，加以销毁，从而避免造成更大的经济损失。

（一）流行病学

本病流行广泛，呈全球性分布，世界上许多国家，国内很多省、市和地区都有本病的流行，其中绵羊的感染率最高，猪也常有发生。

细粒棘球绦虫卵在外界环境中可以长期生存，在0℃时能生存116天之久，高温50℃时1小时死亡，对化学物质也有相当的抵抗力，直射阳光易使之死亡。

猪感染棘球蚴病主要是吞食狗和猫粪便中的细粒棘球绦虫卵而感染。人们有时用寄生有棘球蚴的牛、羊、猪的肝、肺等组织器官的肉喂狗、喂猫或处理不当，被狗、猫食入，而感染细粒棘球绦虫病。反过来寄生有细粒棘球绦虫的狗、猫，到处活动而把虫卵散布到各处，特别是在猪的圈舍内养狗和猫，或是饲养人员把狗、猫带到猪舍，从而大大增加了虫卵污染环境、饲料、饮水及牧场的机会，加之有的猪放牧或散放，自然也就增加了猪与虫卵接触和食入虫卵的机会而感染棘球蚴病。

（二）临床症状

轻微感染和感染初期不出现临床症状。严重感染，如寄生于肺，可表现慢性呼吸困难和咳嗽。如肝脏感染严重，叩诊时浊音区扩大，触诊病畜浊音区表现疼痛，当肝脏容积增大时，腹右侧膨大，由于肝脏受害，患畜营养失调，表现消瘦，营养不良等。

猪感染棘球蚴病时，不如绵羊和牛敏感，表现体温升高，下痢，明显咳嗽，呼吸困难，甚至死亡。猪在临床上常无明显的症状，有时在肝区及腹部有疼痛表现，患猪有不安痛苦的鸣叫声。

（三）病理变化

猪的棘球蚴主要见于肝，其次见于肺，少见于其他脏器。肝表面凸凹不平，有时可明显看到棘球蚴显露表面，切开液体流出，将液体沉淀后在显微镜下可见到许多生发囊和原头蚴（不育囊例外），有时肉眼也能见到液体中的子囊，甚至孙囊。另外也可见到已钙化的棘球蚴或化脓灶。

（四）诊断

① 可根据临床表现，结合流行病学分析，做出初步诊断。

② 免疫学诊断。可采用变态反应进行诊断。取新鲜棘球蚴囊液无

菌过滤后，颈部皮内注射 0.1~0.2 毫升，5~10 分钟观察，如有直径 0.5~2 厘米的肿胀红斑为阳性。此法一般有 70% 的准确性，也有可能和其他绦虫蚴病发生交叉反应。

③尸体剖检或屠宰时，检查有无棘球蚴寄生。

（五）防治措施

1. 预防

①禁止狗、猫进入猪圈舍和到处活动，管好狗、猫粪便，防止污染牧草、饲料和饮水。

②对狗、猫要定期驱虫，每年至少 4 次，驱虫药物有以下 2 种。

氢溴槟榔碱：狗 1.5~2 毫克 / 千克体重，猫 2.5~4 毫克 / 千克体重，口服。

氯硝柳胺（灭绦灵）：狗 400~600 毫克 / 千克体重，口服。

③屠宰牛、羊、猪，发现肝、肺及其他组织器官有棘球蚴寄生时，要进行销毁处理，严禁喂狗、喂猫。

④要圈养，不放牧，不散放。

2. 治疗

目前尚无有效药物，人患棘球蚴病时可进行手术摘除。

三、猪钩端螺旋体病

钩端螺旋体病也称细螺旋体病，是由致病性钩端螺旋体引起的一种人兽共患的自然疫源性传染病。猪是波摩那型钩端螺旋体的常在宿主，至少有 12 种不同的血清型钩端螺旋体可感染猪，最为流行的是犬型、黄疸出血型、澳洲型、波摩那型以及 tarassovi 型。我国从猪体内获得共 18 个血清群，70 个血清型，以波摩那型为主，分布于全国各地，其次是犬型。猪钩端螺旋体病可传染人，通常被称为养猪者病。

（一）流行病学

本病有明显的季节性，7~10 月份雨量较大，气候温暖时多发。几乎所有的温血动物都可以感染，年龄越小发病越严重。鼠类是贮存宿主，家畜中猪、水牛、牛和鸭子的感染率较高，人也可以感染。带菌的鼠类和带菌的家畜是主要的传染源，病原体主要从尿中排出，家畜和人可以互相感染。病原体主要通过皮肤、黏膜和消化道感染，也可以通过精液及吸血昆虫传播。饲养管理不善，可造成本病的发生与流行。

（二）临床症状

潜伏期 2~7 天。

急性：黄疸常见于育肥猪，发烧，结膜红肿，不吃，皮肤干燥。皮肤黏膜高度苍白、发黄，耳部、头部、外生殖器的皮肤及口腔黏膜坏死，尿发黄、血尿。

亚急性和慢性：多见于保育期仔猪，发烧，采食量降低，眼结膜潮红、水肿、发黄、苍白。全身水肿，皮肤瘙痒、发黄。尿发黄，呈浓茶色或发红，便秘、腹泻，生长缓慢。

母猪采食量减少，低热，腹泻，怀孕母猪流产，产死胎、木乃伊胎、弱仔。

（三）病理变化

皮下组织、浆膜和黏膜黄染。肝肿大，呈土黄色、棕黄色，胆囊肿大，胆汁充盈。肾脏肿大出血，有散在的灰白色坏死灶。膀胱内有浓茶样的尿液，黏膜出血。心包内有黄色积液，心肌出血。皮肤坏死。

（四）诊断

本病的临床症状和病理变化常常不典型，只能作为诊断时的参考，而确诊则需要实验室检查。实验室检查的方法是：在病猪的发热期采取血液，在无热期采取尿液或脑脊髓液，死后采取肾和肝，送实验室进行暗视野活体检查和染色检查，若发现纤细呈螺旋状，两端弯曲成钩状的病原体即可确诊。为了在组织切片上找出病原体，可采用 Levaditi 组织块镀银染色法，镜检钩体呈黑色线状，有时找不到典型的钩体而只能看到弯曲排列的颗粒，此为钩体崩解的形象。有条件时，也可采血清进行凝集溶解试验、间接荧光抗体法和补体结合试验，或做 DNA 探针技术和聚合酶链反应等。

（五）防治措施

1. 预防

搞好公共卫生，做好灭鼠工作，防止水源和田间污染，搞好猪舍卫生，对病猪及带菌猪实行严格控制。做好人的防护工作，发现病人及时治疗。

2. 治疗

大剂量青、链霉素有一定的疗效。

四、猪旋毛虫病

旋毛虫病是由毛形科的旋毛形线虫成虫寄生于小肠、幼虫寄生于横纹肌引起的一种人畜共患的寄生虫病。

（一）流行病学

猪采食了未经煮熟的含有旋毛虫的肉（包括猪肉和鼠肉等）和被污染的粪便，包囊消化后，幼虫逸出，在小肠内发育为成虫，雌雄交配，雌虫钻入肠黏膜淋巴间隙产出幼虫，随血液循环到达肌肉，进入肌纤维内，逐渐卷曲形成包囊。

旋毛虫的宿主很多，包括肉食兽、杂食兽、鼠类等，人也可以感染，主要是通过吃了未经煮熟的含有旋毛虫的肉感染。

（二）临床症状

严重感染时，腹泻，腹痛，呕吐，发烧，采食量减少，眼睑和四肢水肿，肌肉发痒、疼痛、痉挛。

（三）病理变化

胃肠道黏膜充血、出血、肿胀。

（四）诊断

1. 虫体检查

压片镜检：从膈肌脚取小块肉样，切成 24 小块，似麦粒大小，压片镜检，可见包囊或未形成包囊的幼虫。包囊内有 1~3 个螺旋状卷曲的幼虫。包囊较猪囊尾蚴的小。与肉孢子虫包囊相比，肉孢子虫包囊内有大量的香蕉形缓殖子。

动物接种：将肉样经口感染健康小白鼠，2 天内扑杀。小肠内有成虫，雄虫较雌虫小，虫体细小，前端细长，占虫体的 2/3，后端粗短，尾部有耳状交配叶 1 对，无交合刺，雌虫阴门位于食道部中央。

2. 免疫学检查

包括间接红细胞凝集试验、间接荧光抗体试验、酶联免疫吸附试验等。

（五）防治措施

1. 预防

一要加强管理，不喂未经煮熟的泔水，做好灭鼠工作。二要加强屠宰检疫，不吃半生不熟的肉类，改变吃生肉的习惯，保护人类健康。

2. 治疗

丙硫咪唑，混料 0.03% 浓度（0.3 克／千克料）混饲，连喂 10 天。噻苯咪唑，口服，每千克体重 50 毫克，连用 5~10 天。

五、猪囊尾蚴病

猪囊尾蚴病又称猪囊虫病，是由带科带属的有钩绦虫的幼虫猪囊尾蚴寄生于人、猪体内而引起的一种绦虫蚴病。猪囊虫大多寄生于猪的横纹肌内，脑、眼和其他脏器也常有寄生。囊尾虫病是人畜共患的寄生虫病。

（一）流行病学

本病无明显的季节性。猪是有钩绦虫的中间宿主，人是有钩绦虫的终末宿主，也是中间宿主。猪在放养条件下，有连茅圈、人随地大便情况时，猪吃了有钩绦虫病人粪便中的孕卵节片或虫卵，在胃肠液的作用下，卵中孵出六钩蚴，钻入肠壁小血管或淋巴管，随血液流到猪体各部，多寄生于猪的肌肉和内脏中，经 2~3 个月发育为具有感染能力的囊尾蚴。而人又吃了没有煮熟的带有活的囊尾蚴的猪肉而感染有钩绦虫病。还有人吃了被绦虫卵污染的食物和水，或病人呕吐把节片返到胃里，外膜及卵膜被消化放出六钩蚴而感染囊虫病。

（二）临床症状

临床症状因寄生部位和受损的器官不同而异。囊尾蚴寄生于面部肌肉，头肿大；寄生于眼部，视力减退，甚至失明，盲目行走；寄生于四肢肌肉，身体前、后躯肿大异常，中部较细，四肢不灵活，行动困难，喜欢躺卧；寄生于大脑，有神经症状，发生急性脑炎而突然死亡；寄生于膈肌、肋间肌、心、肺及咽、喉、舌部等肌肉时，可出现呼吸困难，声音嘶哑和吞咽困难。生长缓慢，贫血。

（三）病理变化

肌肉内有米粒大小的白色囊虫，肌肉苍白水肿，切面外翻、凹凸不平；在脑、眼、心、肝、脾、肺等部，甚至淋巴结和脂肪内也可找到虫体。后期可发现钙化灶。

（四）诊断

采用触摸舌头的方法，用手触摸舌面、舌下和舌根，看有无黄豆大小的结节存在，如有可以作为一个诊断指标。

实验室方法有炭凝集试验、酶标免疫吸附试验、间接血球凝集法、皮肤变态反应、卡红平板凝集试验和环状沉淀反应等。

（五）防治措施

1. 预防

本病的防治原则是"预防为主"，做好人的卫生工作，把住病从口入关。对人的绦虫病要进行彻底地普查和治疗；管好人的粪便，有条件的进行无害化处理，杀灭虫卵；管好猪，不要让猪接触人的粪便。

2. 治疗

（1）驱除人体有钩绦虫的药物 槟榔，口服 50~100 克。氯硝柳胺片，咀嚼，3 克，早晨一次空腹服用。

（2）治疗猪囊尾蚴的药物 吡喹酮，混饲，一次量，每千克体重 10~30 毫克。丙硫咪唑，混饲，一次量，每千克体重 10~20 毫克。

（3）治疗人囊尾蚴的药物及用法 吡喹酮，每日 20 毫克/千克体重，分 2 次口服，连服 6 天。

六、猪蛔虫病

猪蛔虫病是由猪蛔虫寄生于猪的小肠引起的一种常见寄生虫病，在全国各地广泛流行，主要为害 3~6 月龄的幼猪，能使幼猪生长发育不良，严重者常形成僵猪，甚至引起死亡，成年猪多半为带虫者。

（一）病原

猪蛔虫寄生于猪小肠中，为黄白色或粉红色的大型线虫，体表光滑，雄虫长 40~280 毫米，尾端向腹面弯曲，雌虫长 200~400 毫米，尾端尖直。雌虫产出大量的虫卵，虫卵随粪便排出体外后，在适宜的温度、湿度和充足氧气的环境中发育为含幼虫的感染性虫卵。猪吞食了感染性虫卵而被感染。在小肠内幼虫逸出，钻入肠壁毛细血管，经门静脉到达肝脏后，经后腔静脉回流到左心，通过肺动脉毛细血管进入肺泡。幼虫在肺脏中停留发育，蜕皮生长后，随支气管黏液一起到达咽部并进入口腔后再次被咽下，在小肠内发育为成虫。从吞食感染性虫卵到发育为成虫，需 2.0~2.5 个月。猪蛔虫在宿主体内的寄生期限为 7~10 个月。

（二）流行病学

本病无季节性，任何季节都可发生。病猪是传染源，猪蛔虫无中间宿主，虫卵随粪便排出体外，在适宜的环境中发育为含有第二期幼虫的感染性虫卵，猪采食了被污染的饲料、饮水等，虫卵进入消化道，孵出幼虫，钻入肠壁血管，随血液经肝脏、心脏到达肺脏，进入肺泡、支气管，经咳嗽到达咽部，再被吞咽到消化道，发育为成虫，整个发育过程需 60~75 天。一条雌虫一天可产 10 万 ~20 万个虫卵，虫卵对外界的抵抗力很强，常用消毒液不能将其杀死。

（三）临床症状

大量幼虫移行至肺脏时，引起蛔虫性肺炎，表现咳嗽、呼吸增快、体温升高至 40℃左右、食欲减退、卧地不起及嗜酸性粒细胞增多。成虫寄生小肠时，使仔猪生长缓慢、被毛粗乱，是形成僵猪的重要原因。大量寄生时，可引起肠堵塞、肠破裂。有时蛔虫进入胆管，造成堵塞，引起黄疸症状。少数病例呈现荨麻疹、兴奋、磨牙、痉挛、角弓反张等神经症状（图 4–27）。

图 4–27　猪蛔虫病　小肠内有虫体

（四）病理变化

病初解剖可见有肺炎的变化，肺表面可见出血点和暗红色斑点，肺内可见大量猪蛔虫幼虫。有的表现组织出血、坏死，形成云雾状的蛔虫斑。肠内可见肠黏膜卡他性出血和溃疡。

（五）诊断

对 2 个月以上的仔猪可采用直接涂片法或饱和盐水浮集法，检出粪便中的猪蛔虫卵来确诊。猪蛔虫卵，大小为（60~70）微米 ×（40~60）微米，黄褐色或淡黄色，短椭圆形，卵壳厚，最外层为凸凹不平的蛋白膜，新排出的虫卵含 1 个未分裂的胚细胞。对 2 个月龄以内的仔猪，有肺炎病变时，可用贝尔曼法分离肺组织中的幼虫作出判断。

确定猪蛔虫是否为致死原因时，须根据剖检时的虫体数量、病变程度，结合生前症状和流行病学资料以及有无其他原发性或继发性疾病作出综合判断。一般情况下每 1 000 毫克粪便含有 1 000 个虫卵时，即可确诊为蛔虫病。

（六）防治措施

1. 预防

（1）定期驱虫　根据虫体生长发育的特点制订合理的驱虫计划，种公猪每年春秋各驱虫一次，母猪在产前驱虫，仔猪断奶时驱虫一次，以后每 2 个月驱虫一次，直到出栏。应用驱虫药驱虫后，粪便不能任意处理，必须经堆积发酵后方可使用，避免造成再度污染。

（2）加强营养　根据不同猪的营养需要，供给充足的营养物质，提高猪体的抵抗力。

2. 治疗

（1）伊维菌素预混剂　混饲，每 1 000 千克饲料添加 2 克（以伊维菌素计），连用 7 日。伊维菌素注射液，皮下注射，每千克体重 0.3 毫克。

（2）阿维菌素透皮剂　浇注或涂擦，一次量，每千克体重 0.1 毫升，由肩部向后，沿背中线浇注。

（3）盐酸左旋咪唑片　内服，每千克体重 7.5 毫克。盐酸左旋咪唑注射液，肌内注射或皮下注射，每千克体重 7.5 毫克。磷酸左旋咪唑片，内服，每千克体重 8 毫克。磷酸左旋咪唑注射液，肌内注射或皮下注射，每千克体重 8 毫克。

（4）敌百虫　内服，一次量，每千克体重 80~100 毫克，总量不超过 7 克，混入饲料中喂服。

（5）芬苯达唑片、芬苯达唑粉　内服，一次量，每千克体重 7.5 毫克。

（6）丙硫咪唑　内服，每千克体重 5~20 毫克，拌料饲喂。

七、猪绦虫病

猪绦虫病是一种对幼猪危害较大的人畜共患的寄生虫病。

（一）病原

猪绦虫病的病原体为克氏假裸头绦虫（曾误称盛氏许壳绦虫）。寄生于猪的小肠内，也可寄生于人体。虫体呈乳白色，扁平带状，全长 100~150 厘米，由 2 000 个左右节片组成，节片的宽均大于长，最大宽度约为 1 厘米。已证实我国克氏假裸头绦虫的中间宿主为食粪性甲虫——褐蜉金龟，它在泥土结构猪圈和畜禽粪堆中广泛存在。通过人工感染试验证实，粮食害虫——赤拟谷盗也可作为它的中间宿主。

（二）流行特点

猪绦虫病在我国分布很广，陕西、江苏、福建、云南、吉林等 10 多省市都发现有本病的存在。

（三）临床症状

病猪呈现毛焦、消瘦、生长发育迟缓，严重的可引起肠道梗阻。

（四）诊断

生前诊断可根据粪检发现孕节或虫卵来确诊。虫卵为棕色、圆形，大小为（82.0~82.5）微米 ×（72~76）微米，内含明显的六钩蚴。死后可根据剖检小肠内找到的虫体而确诊。

（五）防治措施

1. 定期驱虫

可选用吡喹酮，剂量为 20~40 毫克 / 千克体重。也可用硫双二氯酚，剂量为 80~100 毫克 / 千克体重。

2. 粪便发酵杀虫

猪粪必须及时清除，并堆肥发酵杀死虫卵后再作肥料。

八、猪疥螨病

猪疥螨病俗称疥癣、癞，是一种接触性传染的寄生虫病。

（一）病原

疥螨（穿孔疥虫）寄生在猪皮肤深层由虫体挖凿的隧道内。虫体很小，肉眼不易看见，大小为 0.2~0.5 毫米，呈淡黄色龟状，背面隆起，腹面扁平，腹面有 4 对短粗的圆锥形肢；虫体前端有一钝圆形口器。疥螨的口器为咀嚼型，在宿主表皮挖凿隧道，以皮肤组织和渗出的淋巴液为食，在隧道内发育和繁殖。疥螨全部发育过程都在宿主体内度过，包括卵、幼虫、若虫、成虫 4 个阶段，离开宿主体后，一般仅能存活 3 周左右。

（二）流行特点

各种年龄、品种的猪均可感染本病。主要是通过病猪与健康猪的直接接触，或通过被螨及其卵污染的圈舍、垫草和饲养管理用具间接接触等而引起感染。幼猪有挤压成堆躺卧的习惯，这是造成本病迅速传播的重要原因。此外，猪舍阴暗、潮湿、环境不卫生及营养不良等均可促进本病的发生和发展。秋冬季节，特别是阴雨天气本病蔓延最快。

（三）临床症状

幼猪多发。病初从眼周、颊部和耳根开始，以后蔓延到背部、体侧和股内侧。主要临床表现为剧烈瘙痒，病猪到处摩擦或以肢蹄搔擦患部，甚至将患部擦破出血，以致患部脱毛、结痂，皮肤肥厚，形成皱褶和龟裂。

（四）诊断

在患部与健康部交界处采集病料，用手术刀刮取痂皮，直到稍微出血。症状不明显时，可检查耳内侧皮肤刮取物中有无虫体。将刮到的病料装入试管内，加入 10% 苛性钠（或苛性钾）溶液，煮沸，待毛、痂皮等固体物大部分被溶解后，静置 20 分钟，由管底吸取沉渣，滴在载玻片上，用低倍显微镜检查，有时能发现疥螨的幼虫、若虫和虫卵。疥螨幼虫为 3 对肢，若虫为 4 对肢。疥螨卵呈椭圆形，黄色，较大，155微米×84微米，卵壳很薄，初产卵未完全发育、后期卵透过卵壳可见到已发育的幼虫，由于患猪常啃咬患部，有时在用水洗沉淀法作粪便检查时，可发现疥螨虫卵。

（五）防治措施

1. 预防

（1）不从疫区引入猪群 引进猪时应隔离观察，确诊无病时方可入圈。同时，要搞好猪舍卫生工作，经常保持清洁、干燥、通风。

（2）一旦发现病猪，应立即隔离治疗 在治疗病猪的同时，应用杀螨药彻底消毒猪舍和用具，将治疗后的病猪安置到已消毒过的猪舍内饲养。为了使药物能充分接触虫体，最好用肥皂水或来苏水彻底洗刷患部，清除硬痂和污物后再涂药。由于大多数治螨药物对螨卵的杀灭作用差，因此，需治疗 2~3 次，每次间隔 5 天，以杀死新孵出的幼虫。

2. 治疗

① 烟叶或烟梗 1 份，加水 20 份，浸泡 24 小时，再煮 1 小时后涂擦患部。

② 50 毫克/升溴氰菊酯溶液间隔 10 天喷淋 2 次，每头猪每次用 3升药液。

③ 500 毫克/升双甲脒溶液药浴或喷雾，10 天后，再进行 1 次。

④ 阿维菌素或伊维菌素每千克体重颈部皮下注射 300 微克。

九、附红细胞体病

（一）病原

附红细胞体，寄生于猪的红细胞表面及血浆中。虫体呈球形、卵圆形、月牙形或逗点状、短杆形等多种形态，直径 0.2~2 微米。游离于血浆或附于红细胞表面，多附于红细胞边缘，被寄生细胞变形为齿轮状、星芒状或不规则形。

（二）症状

高热、贫血、黄疸为主要症状。

（三）病理变化

腹下四肢内侧有紫红色出血斑，全身淋巴结肿胀，肝脾肿大，肺间质水肿；结肠和直肠黏膜上有粟粒大小、深陷的溃疡。

（四）诊断

根据症状，温暖季节多发，查病原体。

1. 预防

生活史至今不明，但是该病多发于 5~9 月，即与吸血昆虫大量滋生繁殖的夏秋季节同步，冬季消失。附红细胞体对化学药物敏感。

2. 治疗

土霉素、黄色素及四环素类抗生素、贝尼尔、胂制剂对本病的治疗效果较好。

十、猪后圆线虫病（肺线虫病）

（一）病原

野猪后圆线虫（长刺后圆线虫）、复阴后圆线虫和萨氏后圆线虫。寄牛于支气管和细支气管内。

（二）流行特点与症状

生活史中需蚯蚓为中间宿主，在猪体内 1 个月发育为成虫。虫卵和 1 期幼虫对外界抵抗力较强，感染性幼虫可在蚯蚓体内长期保持感染性。夏季感染，多发于 6~12 月龄的散养猪，对仔猪危害严重。

支气管肺炎。表现阵发性咳嗽，呼吸困难，尤以气候骤冷、剧烈运动和采食时更剧烈。患猪食欲不振，营养不良，消瘦，贫血，生长发育受阻或停滞甚至减重，形成"僵猪"，常最终陷入恶病质而死亡率很高。

局灶性肺气肿与实变相间，隔叶腹面边缘有楔状肺气肿区；支气管和气管内含大量黏液和虫体。支气管扩张，管壁增厚，虫体堵塞。

饱和硫酸镁漂浮法或沉淀法查到粪、痰液和鼻液中的虫卵或剖检病变和查到气管、支气管内虫体可确诊。

1. 预防

① 驱虫：可根据发病季节、粪检和尸检情况进行预防性驱虫和治疗性驱虫工作。

② 经常清除猪粪，堆积发酵，杀灭虫卵。

③ 防蚯蚓入猪场：猪舍和运动场用坚实地面，并注意排水和干燥；定期撒石灰等消毒。

2. 治疗

① 左旋咪唑：8~10 毫克 / 千克体重，配成 5% 水溶液，肌内注射，驱虫率 99%~100%。

② 抗蠕敏：35~40 毫克 / 千克体重，驱虫率近 100%。

第四节　常见普通病的防治

一、胃肠炎

胃肠炎是指胃肠黏膜表层和深层组织的重剧的炎症。以体温升高、剧烈腹泻及全身症状重剧为特征。

（一）发病原因

无论是原发性的或继发性的胃肠炎，其病因都与消化不良的病因类似，只是作用更为剧烈，持续时间更长。主要由于喂给腐烂变质、发霉、不清洁、冰冻饲料，或误食有毒植物及酸、碱、砷等化学药物而发病。消化不良的过程中，由于治疗失时或用药不当等，而使胃肠壁遭受强烈刺激，胃肠血液循环和屏障机能紊乱，细菌大量繁殖，细菌毒素被吸收等，也可发展成胃肠炎。

（二）临床症状

病初精神萎靡，多呈现消化不良的症状，以后逐渐或迅速呈现胃肠炎的症状。食欲废绝，饮欲增加，鼻盘干燥，可视黏膜初暗红带黄色，以后则变为青紫。口腔干燥，气味恶臭，舌面皱缩，被覆多量黄腻或白色舌苔。体温升高，脉搏加快，呼吸增速，呕吐，腹痛。少见便秘，多数腹泻，粪便恶臭，混有黏液、血丝或气泡，重症时肛门失禁，呈现里急后重现象。出血性胃肠炎，可视黏膜苍白，粪便变黑呈柏油状。

（三）防治措施

1. 预防

加强饲养管理，不喂变质和有刺激性的饲料，定时定量喂食。猪圈保持清洁干燥。发现消化不良，及早治疗、以防加重转为胃肠炎。

2. 治疗

首先应除去病因，抑菌消炎，配合强心、补液、解毒及清理胃肠。可内服氨苄青霉素、黄连素或庆大霉素。单纯性胃肠炎用磺胺脒 5~10 克、小苏打 20~30 克，混合，1 次内服，1 日 2 次；若久痢不止时，则用鞣酸蛋白、次硝酸铋各 0.05~0.06 千克，日服 2 次。对严重胃肠炎，以氨苄青霉素 0.5~1.0 克，加于 5% 葡萄糖液 500~1 000 毫升中，静脉注射，每日 1~2 次，同时，应用 0.1% 高锰酸钾液 300~500 毫升内服或灌肠，效果良好。临床上常用 5% 葡萄糖生理盐水 500 毫升，10% 维生素 C 注射液 5 毫升，40% 乌洛托品液 10 毫升，混合后 1 次静脉注射；或用复方氯化钠液 500 毫升，25% 葡萄糖液 200 毫升，20% 安钠咖液 10 毫升，5% 氯化钙液 50 毫升，混合后 1 次静脉注射（仔猪酌减药量）。

试验证明：白头翁根 0.035 千克，黄柏 0.07 千克，加适量水煎后灌服；或用紫皮大蒜 1 头，捣碎后加白酒 50 毫升内服，也有较好的治疗效果。

当病情缓解后可用健胃剂，仔猪可用胃蛋白酶、乳酶生各 0.01 千克、安钠咖粉 0.02 千克，混合后分 3 次内服，同时配用多酶片、酵母片等药物。大猪则用健胃散 0.02 千克，人工盐 0.02 千克，1 日分 3 次内服。

二、感冒

感冒是由于寒冷作用所引起的，以上呼吸道黏膜炎症、体温突然升高、咳嗽、羞明流泪和流鼻液为主要临床特征的急性、全身性疾病。本病无传染性，一年四季均可发生，但风寒型多见于秋冬 2 季，风热型多见于春夏。仔猪更易发生。

（一）发病原因

主要发病原因是突然遭受寒冷袭击，如冬季畜舍防寒不良，又遇寒流侵袭，或大汗后遭受雨淋，贼风吹袭等，可使畜体抵抗力降低，特别是上呼吸道黏膜的防御机能减退，致使呼吸道内的常在菌得以大量繁殖而引起本病。

（二）临床症状

病猪精神沉郁，食欲减退或废绝，全身颤栗，体温升高达 40℃以上，畏寒怕冷，喜钻草堆。低头弓腰，毛乍尾垂，鼻盘干燥，眼睛发红，羞明流泪。鼻流清涕，频发咳嗽，呼吸不畅，呼吸音增强，脉搏加快。口色稍红，舌苔薄白或黄腻。

本病应与流行性感冒相区别，流行性感冒是由猪流感病毒引起的一种急性热性传染病，一旦暴发，传播迅速，大批流行，病情严重。而本

病仅呈散发性，病程短。

（三）防治措施

1. 预防

加强饲养管理，防止猪只突然受寒，避免将其放置于潮湿阴冷和有贼风处，特别是在大出汗后，应防止风吹雨淋。气温骤变时，及时采取防寒措施。

2. 治疗

主要是解热、镇痛、防止继发感染。

（1）**解热镇痛，防止继发感染** 内服扑热息痛，每次1~2克，或内服阿司匹林、氨基比林2~5克。或用30%安乃近液、安痛定等5~10毫升进行肌内注射，每日1~2次。在解热镇痛的基础上，应用氨苄青霉素500毫克，肌内注射，每日2次，连用2~3天。排粪迟滞时，可应用缓泻剂。

（2）**中药疗法** 应用中草药治疗感冒效果好。风寒型感冒的治疗原则为辛温解表，疏散风寒，应用"荆防败毒散"加减。风热型感冒的治疗原则为辛凉解表，发散风热，应用"银翘散"加减或"桑菊银翘散"加减。

中药疗法：荆芥30克，防风30克，羌活25克，独活25克，川芎20克，柴胡20克，前胡20克，枳壳20克，桔梗20克，茯苓30克，甘草15克。研末开水冲服。

三、亚硝酸盐中毒

亚硝酸盐中毒是由于菜类等青绿饲料的贮存、调制方法不当、在适宜的温度和酸碱度的条件下，在微生物的作用下，大量的硝酸盐可还原成剧毒的亚硝酸盐，猪采食这类饲料后而引起中毒，本病常于猪吃饱后不久发生，故有饱潲病之称。

（一）发病原因

因食用贮存和加工不当，含有较多亚硝酸盐的白菜、菠菜、甜菜、野菜等青绿多汁饲料，而使猪群发生中毒。

亚硝酸盐毒性很大，主要是血液毒。当亚硝酸盐经过胃肠黏膜吸收进入血液后，能使血液中的氧化血红蛋白变为变性血红蛋白（高铁血红蛋白），使血液失去携氧的能力，而引起全身缺氧，导致呼吸中枢麻痹，严重者30分钟左右即可窒息而死。亚硝酸盐在体内可透过内屏障及胎盘组织，引起妊娠母猪发生早产、弱胎及死胎。

（二）临床症状

病猪突然发病，一般在采食后10~30分钟，最迟2小时出现症状，病猪突然不安，呼吸困难，继而精神萎靡，呆立不动，四肢无力，行走打晃，起卧不安，犬坐姿势，流涎、口吐白沫或呕吐，皮肤、耳尖、嘴唇及鼻盘等部开始苍白，以后呈青紫色，穿刺耳静脉或剪断尾尖流出酱油状血液，凝固不良。体温一般低于正常值（35~37℃），四肢和耳尖冰凉，脉搏细数，很快四肢麻痹，全身抽搐，嘶叫，伸舌，最后窒息而死。若病猪2小时内不死，则可逐渐恢复。剖解后病理变化为：因死亡快，内脏多无显著变化，主要特征是血液呈酱油状、紫黑色而凝固不良。胃底、幽门部和十二指肠黏膜充血、出血。病程稍长者，胃黏膜脱落或溃疡，气管及支气管有血样泡沫，肺有出血或气肿，心外膜常有点状出血。肝、肾呈蓝紫色，淋巴结轻度充血。

实验室检查：取胃肠内容物或残余饲料的液汁1滴，滴在滤纸上，加10%联苯胺液1~2滴，再加10%冰醋酸液1~2滴，如有亚硝酸盐存在，滤纸即变为红棕色，否则颜色不变。

也可将待检饲料放在试管内，加10%高锰酸钾溶液1~2滴，搅匀后，再加10%硫酸1~2滴，充分摇动，如有亚硝酸盐，则高锰酸钾变为无色，否则不褪色。

（三）防治措施

1. 预防

改善饲养管理，不喂存放不当的青绿多汁饲料，防止亚硝酸盐中毒。

2. 治疗

发现亚硝酸盐中毒，应迅速抢救，目前，特效解毒药为美蓝和甲苯胺蓝。同时配合应用维生素 C 和高渗葡萄糖溶液，效果较好。

对严重病例，要尽快剪耳、断尾放血；静脉或肌内注射 1% 美蓝溶液，用量为 1 毫升 / 千克体重，或注射甲苯胺蓝，用量为 5 毫克 / 千克体重。内服或注射大剂量维生素 C，用量为 10~20 毫克 / 千克体重，以及静脉注射 10%~25% 葡萄糖液 300~500 毫升。

对症状较轻者，仅需安静休息，投服适量的糖水或牛奶等即可。

对症治疗：对呼吸困难、喘息不止的患畜，可注射山梗菜碱、尼可刹米等呼吸兴奋剂；对心脏衰弱者可注射安钠咖、强尔心等；对严重溶血者，放血后输液并口服或静脉滴注肾上腺皮质激素，同时内服碳酸氢钠等药物，使尿液碱化，以防血红蛋白在肾小管内凝集。

四、霉饲料中毒

霉饲料中毒就是猪采食了发霉的饲料而引起的中毒性疾病。以神经症状为特征。

（一）发病原因

自然环境中含有许多霉菌，常寄生于含淀粉的饲料上，如果温度（28℃左右）和湿度（80%~100%）适宜，就会大量生长繁殖，有些霉菌在生长繁殖过程中，能产生有毒物质，目前，已知的霉菌毒素有上百种，最常见的有黄曲霉毒素、镰刀菌毒素和赤霉菌毒素等。这些霉菌毒素都可引起猪中毒。仔猪及妊娠母猪尤为敏感。

发霉饲料中毒的病例，临床上常难以肯定为何种霉菌毒素中毒，往往是几种霉菌毒素协同作用的结果。

（二）临床症状

仔猪和妊娠母猪对发霉饲料较为敏感。中毒仔猪常呈急性发作，出现中枢神经症状，头弯向一侧，头顶墙壁，数天内死亡。大猪病程较长，一般体温正常，初期食欲减退，后期废食，腹痛，下痢或便秘，粪便中混黏液或血液，被毛粗乱，迅速消瘦，生长迟缓。白猪的嘴、耳、四肢内侧和腹部皮肤出现红斑，妊娠母猪常引起流产及死胎等。剖解后的病理变化为：肝实质变性，颜色变淡黄，显著肿大，质地变脆；淋巴结水肿。病程较长者，皮下组织黄染，胸腹膜、肾、胃肠道出血。急性病例最突出的变化是胆囊黏膜下层严重水肿。

（三）防治措施

1. 预防

防止饲料发霉变质。严禁用发霉饲料喂猪。

2. 治疗

目前尚无特效药物。发病后应立即停喂发霉饲料，同时进行对症治疗。急性中毒，用0.1%高锰酸钾溶液、温生理盐水或2%碳酸氢钠液进行灌肠、洗胃后，内服盐类泻剂，如硫酸钠0.03~0.05千克，水1升，1次内服。静脉注射5%葡萄糖生理盐水300~500毫升，40%乌洛托品20毫升；同时皮下注射20%安钠咖5~10毫升。

五、酒糟中毒

酒糟中毒是由于酒糟贮存方法不当或放置过久，发生腐败霉烂，产生大量有机酸（醋酸、乳酸、酪酸）、杂醇油（正丙醇、异丁醇、异戊醇）及酒精等有毒物质，易引起猪中毒。

（一）发病原因

突然给猪饲喂大量的酒糟，或对酒糟保管不当，被猪大量偷吃或长期单一饲喂酒糟，而缺乏其他饲料的适当搭配及饲喂严重霉败变质的酒糟，其有毒物质、霉菌、酒精可直接刺激胃肠并被吸收而发生中毒。

（二）临床症状

患猪发病初期，表现精神沉郁，食欲减退，粪便干燥，以后发生下痢，体温升高。严重时出现腹痛症状，呼吸促迫，心跳疾速。外表常有皮疹，卧地不起。剖解后的病理变化为：胃肠黏膜充血和出血，直肠出血、水肿；肠系膜淋巴结充血；肺充血和水肿；肝、肾肿胀，质地变脆，心脏有出血斑。

（三）防治措施

1. 预防

必须以新鲜的酒糟喂猪，且酒糟的喂量不宜过多，一般应与其他饲料搭配饲喂，酒糟的比例以不超过日粮的 1/3 为宜，用不完的酒糟要妥善贮存，可将其紧压在饲料缸内，以隔绝空气；如堆放保存，则不宜过厚，并避免日晒，以防霉败变质。发霉酸败的酒糟严禁喂猪。

2. 治疗

对中毒的猪，应立即停喂酒糟，以 1% 碳酸氢钠液 1 000~2 000 毫升内服或灌肠。同时硫酸钠 30 克，植物油 150 毫升，加适量水混合后内服，并静脉注射 5% 葡萄糖生理盐水 500 毫升，加 10% 氯化钙液 20~40 毫升。严重病例应注意维护心、肺功能，可肌内注射 10%~20% 安钠咖 5~10 毫升。发生皮疹或皮炎的猪，用 2% 明矾水或 1% 高锰酸钾液冲洗，剧痒时可用 5% 石灰水冲洗，或以 3% 石炭酸酒精涂擦。

六、食盐中毒

猪食盐中毒后，可引起消化道、脑组织水肿、变性、乃至坏死，并伴有脑膜和脑实质的嗜酸性粒细胞浸润。以突出的神经症状和一定的消化紊乱为其临床特征。

（一）发病原因

采食了含食盐过高的饲料，可引起猪的食盐中毒，特别是仔猪更为敏感，食盐中毒的实质是钠离子中毒。因此，给猪只投予过量的乳酸钠、碳酸钠、丙酸钠、硫酸钠等都可发生中毒。据报道：食盐中毒量为 1~2.2 毫克/千克体重，成年中等个体猪的致死量为 0.125~0.25 千克。这些数值的变动范围很大，主要受饲料中无机盐组成、饮水量等因素的左右。全价饲料，特别是日粮中钙、镁等无机盐充足时，可降低猪对食盐的敏感性，反之，敏感性显著增高。例如，仔猪的食盐致死量通常为

4.5 毫克／千克体重。钙、镁不足时，致死量缩小为 0.5~2 克／千克体重；钙、镁充足时，增大到 9~13 克。饮水充足与否，对食盐中毒的发生具有决定性作用。当猪食入含 10%~13% 食盐的饲料而不限制饮水时，则不发生中毒；相反，即使饲料仅含 2.5% 的食盐，但不给充足饮水，亦可引起中毒。因此说，食盐中毒的确切原因是食盐过量饲喂，而饮水供应不足所致。

（二）临床症状

患病初期，病猪呈现食欲减退或废绝、精神沉郁、黏膜潮红、便秘或下痢、口渴和皮肤瘙痒等症状。继之出现呕吐和明显的神经症状，病猪兴奋不安，频频点头，张口咬牙，口吐白沫，四肢痉挛，肌肉震颤，来回转圈或前冲、后退，听觉、视觉障碍，刺激无反应，不避障碍，头顶墙壁。严重的呈癫痫样痉挛，每间隔一定时间发作 1 次。发作时，依次出现鼻盘抽缩或扭曲，头颈高抬或向一侧歪斜，脊柱上弯或侧弯，呈后弓反张或侧弓反张姿势，以致整个身躯后退而呈犬坐姿势，甚至仰翻倒地。每次发作持续 2~3 分钟，甚至连续发作，心跳加快（140~200 次／分钟），呼吸困难。最后四肢瘫痪，卧地不起，一般 1~6 小时死亡。

慢性中毒者，即慢性钠贮留期间，有便秘、口渴和皮肤瘙痒等前期症状。一旦暴发，则表现上述的神经症状。实验室检查：血清钠显著增高，达到 180~190 毫摩／升（正常为 135~145 毫摩／升），且血液中嗜酸性粒细胞显著减少。为进一步确诊，还可采取死亡猪的肝、脑等组织作氯化钠含量测定，如果肝和脑中的钠含量超过 150 毫摩／升，脑、肝、肌肉中的氯化物含量分别超过 180 毫摩／升、250 毫摩／升、70 毫摩／升，即可确认为食盐中毒。

（三）防治措施

1. 预防

严禁用含盐量过高的饲料喂猪，日粮含盐量不应超过 0.5%。同时，要供给足够的饮水。

2. 治疗

食盐中毒无特效治疗药物，主要是促进食盐排除及对症治疗。

发现中毒后应立即停喂含食盐的饲料及饮水，改喂稀糊状饲料。口渴时多次少量给予饮水，切忌突然大量给水或任意自由饮水，以免胃肠内水分吸收过速，使血钠水平迅速下降，加重脑水肿，而使病情突然恶化。

急性中毒，用 1% 硫酸铜 50~100 毫升内服催吐后，内服粘浆剂及油类泻剂 80 毫升，使胃肠内未吸收的食盐泻下和保护胃肠黏膜。也可在催吐后内服白糖 0.15~0.20 千克。

对症治疗，为恢复体内离子平衡，可静脉注射 10% 葡萄糖酸钙 50~100 毫升，为缓解脑水肿，降低脑内压，可静脉注射 25% 山梨醇液或 50% 高渗葡萄糖液 50~100 毫升。为缓解兴奋和痉挛发作，可静脉注射 25% 硫酸镁注射液 20~40 毫升，或 2.5% 盐酸氯丙嗪 2~5 毫升，静脉或肌内注射。心脏衰弱时，可皮下注射安钠咖等。

七、仔猪贫血

仔猪贫血是指半月至 1 月龄哺乳仔猪所发生的一种营养性贫血。主要原因是缺铁，多发生于寒冷的冬末、春初季节的舍饲仔猪，特别是猪舍为木板或水泥地面而又不采取补铁措施的猪场内，常大批发生，造成严重的损失。

（一）发病原因

本病主要是由于铁的需要量供应不足所致。半个月至 1 个月的哺乳仔猪生长发育很快，随着体重增加，全血量也相应增加，如果铁供应不足，就要影响血红蛋白的合成而发生贫血，因此，本病又称为缺铁性贫血。正常情况下，仔猪也有一个生理性贫血期，若铁的供应及时而充足，则仔猪易度过此期。放牧的母猪及仔猪，可以从青草及土壤中得到一定量的铁，而长期在水泥、木板地面的猪舍内饲养的仔猪，由于不能与土壤接触，失去了对铁的摄取来源，则难以度过生理性贫血期，因而发生重剧的缺铁性贫血。本病冬春季节发生于 2~4 周龄仔猪，且多群发。

（二）临床症状

病猪精神沉郁、离群伏卧、食欲减退、营养不良、被毛逆立、体温不高。可视黏膜呈淡蔷薇色，轻度黄染。严重者黏膜苍白，光照耳壳呈灰白色，几乎见不到明显的血管，针刺也很少出血，呼吸、脉搏均增加，可听到心内杂音，稍加运动，则心悸亢进，喘息不止。有的仔猪，外观很肥胖，生长发育也较快，可在奔跑中突然死亡，剖检见典型贫血变化。病理剖解可见：皮肤及黏膜显著苍白，有时轻度黄染，病程长的病猪多呈消瘦，胸腹腔积有浆液性及纤维蛋白性液体。实质脏器脂肪变性，血液稀薄，肌肉色淡，心脏扩张，胃肠和肺常有炎性病变。血液检查：血液色淡而稀薄，不易凝固。红细胞数减少至每升 3 万亿个，血红蛋白量降低，每升血液可低至 40 克以下。血片观察：红细胞着色浅，中央淡染区明显扩大，红细胞大小不均，而以小的居多，出现一定数量的梨形、半月形、镰刀形等异形红细胞。

（三）防治措施

1. 预防

主要加强哺乳母猪的饲养管理，多喂富含蛋白质、无机盐和维生素的饲料。最好让仔猪随同母猪到舍外活动或放牧，也可在猪舍内放置土盘，装添红土或深层干燥泥土，任仔猪自由拱食。

北方如无保温设备，应尽量避免母猪在寒冷季节产仔。在水泥地面的猪舍内长期舍饲仔猪时，必须从仔猪生后 3~5 日即开始补加铁剂。补铁方法是将上述铁铜合剂洒在粒料或土盘内，或涂于母猪乳头上，或逐头按量灌服。对育种用的仔猪，可于生后 8 日肌内注射右旋糖酐铁 2 毫升（每毫升含铁 50 毫克），或铁钴注射液 2 毫升，预防效果确实可靠。

2. 治疗

有效的方法是补铁。常用的处方有：

① 硫酸亚铁 2.5 克，硫酸铜 1 克，水 1 000 毫升。每千克体重 0.25 毫升，用汤匙灌服，每日 1 次，连服 7~10 日。

② 也可以用硫酸亚铁 0.1 千克、硫酸铜 2.11 千克，磨成细末后混于 5 千克细砂中，撒在猪舍内，任仔猪自由舔食。

③ 焦磷酸铁，每日内服 30 毫克，连服 1~2 周。还原铁对胃肠几乎无刺激性，可 1 次内服 500~1 000 毫克，1 周 1 次。如能结合补给氯化钴每次 50 毫克或维生素 B_{12}，每次 0.3~0.4 毫克配合应用叶酸 5~10 毫克，则效果更好。

④ 注射铁制剂，诸如：右旋糖酐铁，铁钴注射液（葡聚糖铁钴注射液）、复方卡铁注射液和山梨醇铁等。实践证明，铁钴注射液或右旋糖酐铁 2 毫升肌肉深部注射，通常 1 次即愈。必要时隔 7 日再半量注射 1 次。

八、硒缺乏症

硒缺乏症是由于饲料中硒含量不足所引起的营养代谢障碍综合征，主要以骨骼肌、心肌及肝脏变质性病变为基本特征。猪主要病型有仔猪白肌病、仔猪肝坏死和桑葚心等。一年四季都可发生，以仔猪发病为主，多见于冬末春初。

（一）发病原因

主要原因是饲料中硒的含量不足。我国由东北斜向西南走向的狭窄地带，包括黑龙江、河北、山东、山西、陕西、贵州等 10 多个省、自治区，普遍低硒，而以黑龙江省、四川省最严重。因土壤内硒含量低，直接影响农作物的硒含量。植物性饲料的适宜含硒量为 0.1 毫克 / 千克，当土壤含硒量低于 0.5 毫克 / 千克，植物性饲料含硒量低于 0.05 毫克 / 千克时，便可引起动物发病，此外，酸性土壤也可阻碍硒的利用，而使农作物含硒量减少。

（二）临床症状

1. 仔猪白肌病

一般多发生于生后 20 日左右的仔猪，成猪少发。患病仔猪一般营养良好，身体健壮而突然发病、体温一般无变化，食欲减退，精神不振，呼吸促迫，常突然死亡。病程稍长者，可见后肢强硬，弓背。行走摇晃，肌肉发抖，步幅短而呈痛苦状；有时两前肢跪地移动，后躯麻痹。部分仔猪出现转圈运动或头向侧转。最后呼吸困难，心脏衰弱而死亡。死后剖检变化：骨骼肌和心肌有特征性变化，骨骼肌特别是后躯臀部和股部肌肉色淡，呈灰白色条纹，膈肌呈放射状条纹。切面粗糙不平，有坏死灶。心包积水，心肌色淡，尤以左心肌变性最为明显。

2. 仔猪肝坏死

急性病例多见于营养良好、生长迅速的仔猪，以 3~15 周龄猪多发，常突然发病死亡。慢性病例的病程 3~7 天或更长，出现水肿，不食，呕吐，腹泻与便秘交替，运动障碍，抽搐，尖叫，呼吸困难，心跳加快。有的病猪呈现黄疸，个别病猪在耳、头、背部出现坏疽，体温一般不高。死后剖检，皮下组织和内脏黄染，急性病例的肝脏呈紫黑色，肿大 1~2 倍，质脆易碎，呈豆腐渣样。慢性病例的肝脏表面凹凸不平，正常肝小叶和坏死肝小叶混合存在，体积缩小，质地变硬。

3. 猪桑葚心

病猪常无先兆病状而突然死亡。有的病猪精神沉郁，黏膜紫绀，躺卧，强迫运动常立即死亡。体温无变化，心跳加快，心律失常。粪便一般正常。有的病猪，两腿间的皮肤可出现形态和大小不一的紫色斑点，甚至全身出现斑点。死后剖检变化：尸体营养良好，各体腔均充满大量液体，并含纤维蛋白块。肝脏增大呈斑驳状，切面呈槟榔样红黄相间。心外膜及心内膜常呈线状出血，沿肌纤维方向扩散。肺水肿，肺间质增宽，呈胶冻状。

（三）防治措施

1. 预防

猪对硒的需要量不能低于日粮的 0.1 毫克 / 千克，允许量为 0.25 毫克 / 千克，不得超过 5~8 毫克 / 千克。维生素 E 的需要量是：4.5~14.0 千克的仔猪以及怀孕母猪和泌乳母猪为每千克饲料 22 国际单位；一般猪 14~54 千克体重时每千克饲料加维生素 E 11 国际单位。平时应注意饲料搭配和有关添加剂的应用，满足猪对硒和维生素 E 的需要。麸皮、豆类、苜蓿和青绿饲料含较多的硒和维生素 E，要适当选择饲喂。

缺硒地区的妊娠母猪，产前 15~25 天内及仔猪生后第 2 天起，每 30 天肌内注射 0.1% 亚硒酸钠液 1 次，母猪 3~5 毫升，仔猪 1 毫升；也可在母猪产前 10~15 天喂给适量的硒和维生素 E 制剂，均有一定的预防效果。

2. 治疗

患病仔猪，肌内注射亚硒酸钠维生素 E 注射液 1~3 毫升（每毫升含硒 1 毫克，维生素 E 50 单位）。也可用 0.1% 亚硒酸钠溶液皮下或肌内注射，每次 2~4 毫升，隔 20 日再注射 1 次。配合应用维生素 E 50~100 毫克肌内注射，效果更佳。成年猪 10~15 毫升，肌内注射。

九、流产

（一）发病原因

本病的病因较为复杂，除引起胎动的各种机械原因外，某些传染病和寄生虫病，胃肠、心、肺、肾等系统的内科病的重危期，生殖器官疾病，以及内服大量泻剂、利尿剂、麻醉剂和其他可引起子宫收缩的药品等，都可引起流产。

（二）临床症状

突然发生流产，流产前一般没有特征性症状。有的在流产前几天有精神倦怠，阵痛起卧，阴门流出羊水，努责等症状。

如果胎儿受损伤发生在怀孕初期，流产可能为隐性（即胎儿被吸收、不排出体外）；如果发生在后期，因受损伤程度不同，胎儿多在受损伤后数小时至数天排出。

（三）防治措施

加强对怀孕母猪的饲养管理，排除和消除一切能够引起流产发生的因素。一旦流产发生，应认真分析发病原因，及时采取预防和治疗措施。如果发现妊娠母猪胎动明显，有引起流产可能时，应及时注射黄体酮。

十、母猪产后瘫痪

母猪产后瘫痪是产后母猪突然发生的一种严重的急性神经障碍性疾病。

（一）发病原因

本病的病因目前还不十分清楚。一般认为是由于血糖、血钙骤然减少（母猪产后甲状旁腺机能障碍，失去调节血钙浓度作用，胰腺活动增强，致使血糖过少，特别是产后大量泌乳，血糖、血钙随乳汁流失），产后血压降低等原因而使大脑皮层发生机能障碍。

（二）临床症状

本病多发生于产后 2~5 日。患畜精神极度萎靡，一切反射变弱，甚至消失。食欲显著减少或废绝，粪便干硬且少，以后则停止排粪、排尿。轻者站立困难，重者不能站立，呈昏睡状态。乳汁少或无乳，有时病猪伏卧，不让仔猪吮乳。病程 1~2 日，有时达 3~4 日。

（三）防治措施

首先，应投给缓泻剂（如硫酸钠或硫酸镁），或用温肥皂水灌肠，清除直肠内蓄粪。同时静脉注射 10% 葡萄糖酸钙注射液 50~150 毫升。其次，用草把或粗布摩擦病猪皮肤，以促进血液循环和神经机能的恢复。增垫柔软的褥草，经常翻动病猪，防止发生褥疮。

十一、母猪乳房炎

正常母猪乳房的外形呈漏斗状突起，前部及中部乳房较后部乳房发育好些，这和动脉血液的供应有关。乳房发育不良时呈喷火口状凹陷，这种乳房不但产乳量少，排乳困难，而且常引起乳房炎。

（一）发病原因

本病多半是由链球菌、葡萄球菌、大肠杆菌或绿脓杆菌等病原微生物侵入而引起，其感染途径主要是通过仔猪咬破的乳管伤口。此外，猪舍门栏尖锐、地面不平或过于粗糙，使乳房经常受到挤压、摩擦，或乳房受到外伤时也可引起乳房炎。母猪患子宫内膜炎时，常可并发此病。

（二）临床症状

患病乳房可见潮红、肿胀，触之有热感。由于乳房疼痛，母猪怕痛而拒绝仔猪吮乳。

黏液性乳房炎时，乳汁最初较稀薄，以后变为乳清样，仔细观察时可看到乳中含絮状物，炎症发展成脓性时，可排出淡黄色或黄色脓汁。如脓汁排不出时，可形成脓肿，拖延日久往往自行破溃而排出带有臭味的脓汁。

在脓性或坏疽性乳房炎，尤其是波及几个乳房时，母猪可能会出现全身症状，体温升高，食欲减退，喜卧，不愿起立等。

（三）防治措施

1. 预防

母猪在分娩前及断乳前 3~5 天，应减少精料及多汁饲料，以减轻乳腺的分泌作用，同时应防止给予大量发酵饲料。猪舍要保持清洁干燥，冬季产仔时应多垫柔软干草。

2. 治疗

首先应隔离仔猪。对症状较轻的乳房炎，可挤出患病乳房内的乳汁，局部涂以消炎软膏（如 10% 鱼石脂软膏、10% 樟脑软膏或碘软膏）。对乳房基部封闭：用 0.25%~0.50% 盐酸普鲁卡因溶液 50~100 毫升，加入 10 万 ~20 万单位青霉素，在乳房实质与腹壁之间的空隙，用注射针头平行刺入后注入。如乳头管通透性较好，可用乳导管向乳池腔内注入药液。青霉素 5 万 ~10 万单位，或再加入链霉素 5 万 ~10 万单位，一起溶于 0.25%~0.5% 盐酸普鲁卡因溶液生理盐水或蒸馏水中，1 次注入。

对乳房发生脓肿的病猪，应尽早由上向下纵行切开，排出脓汁，然后用 3% 过氧化氢溶液或 0.1% 高锰酸钾溶液冲洗。脓肿较深时，可用注射器先抽出其内容物，最后向腔内注入青霉素 10 万 ~20 万单位。病猪有全身症状时，可用青霉素、磺胺类药物治疗。青霉素每次肌内注射 40 万 ~80 万单位，每日 2 次。内服磺胺嘧啶，初次剂量按每千克体重 200 毫克，维持剂量按每千克体重 100 毫克，间隔 8~12 小时 1 次，另外可同时内服乌洛托品 2~5 毫克，以促使病程缩短。

十二、疝

疝是腹部的内脏从自然孔道或病理性破裂孔脱至皮下或其他腔、孔的一种常见病。根据发生的部位一般分为：脐疝、腹股沟阴囊疝、腹壁疝几种。

（一）脐疝

（1）发病原因　脐疝多发生于幼龄猪，常因为脐孔闭锁不全或完全没有闭锁，再加上腹腔内压增高（如奔跑、捕捉、按压时）而使腹腔脏器进入皮下。

（2）临床症状　在脐部出现核桃大或鸡蛋大，有的甚至拳头大的半圆形肿胀；柔软，热痛不明显，有时可触到脐带孔，在肿胀处听诊可听到肠蠕动音。当肠管嵌闭在脐孔中时，肿胀硬固，有热痛，病猪腹痛不安，有时呕吐。

（3）防治措施　如幼龄猪脱出肠管较少，还纳腹腔后，局部用绷带压迫，脐孔可能闭锁而治愈。脐孔较大或发生肠嵌闭时，须进行疝孔闭锁术。

（二）腹壁疝

（1）发病原因　由于外界的钝性暴力，如冲撞、踢打等作用于软腹壁，使皮下的肌肉、腹膜等破裂，造成肠管脱入皮下。

（2）临床症状　受伤后在腹壁上突然发生球形或椭圆形大小不等的柔软肿胀，小的如拳，大的如小儿头。肿胀界限清楚，热痛较轻，用力按压时随着其内容物还纳入腹腔而使肿胀变小，触诊可发现腹壁肌肉的破裂口（疝孔）。

（3）防治措施　改善饲养管理，防止创伤发生。如果发生腹壁疝，以手术疗法为好。

（三）腹股沟阴囊疝

（1）发病原因　公猪的腹股沟阴囊疝有遗传性，若腹股沟管内口过大，就可发生疝，常在出生时发生（先天性腹股沟阴囊疝），也可在几个月后发生。后天性腹股沟阴囊疝主要是腹压增高所引起。

（2）临床症状　猪的腹股沟阴囊疝症状明显，一侧或两侧阴囊增大，捕捉以及凡能使腹压增大的因素均可加重症状，触诊时硬度不一，可摸到疝的内容物（多半为小肠），也可以摸到睾丸。如将两后肢提举，常可使增大的阴囊缩小而达到自然整复的目的。少数猪可变为嵌闭性疝，此时多数肠管已与囊壁发生广泛性粘连。

（3）防治措施　猪的阴囊疝可在局部麻醉下手术，切开皮肤分离浅层与深层的筋膜，而后将总鞘膜剥离出来，从鞘膜囊的顶端沿纵轴捻转，此时疝内容物逐渐回入腹腔。猪的嵌闭性疝往往有肠粘连、肠臌气，所以在钝性剥离时要求动作轻巧，稍有疏忽就有剥破的可能，在剥离时用浸以温灭菌生理盐水的纱布慢慢地分离，对肠管轻轻压迫，以减少对肠管的刺激，并可减少剥破肠管的危险。在确认还纳全部内容物后，在总鞘膜和精索上打一个去势结，然后切断，将断端缝合到腹股沟环上，若腹股沟环仍很宽大，则必须再作几针结节缝合，皮肤和筋膜分别作结节缝合。术后不宜喂得过早、过饱，要适当控制运动。仔猪的阴囊疝采用皮外闭锁缝合。

十三、直肠脱及脱肛

直肠脱是直肠后段全层脱出于肛门之外，脱肛是直肠后段的黏膜脱出于肛门之外。

（1）发病原因　主要原因是便秘和反复腹泻造成的肛门括约肌松弛引起。

（2）临床症状　2~4月龄的猪发病较多。病初仅在排便后有小段直肠黏膜外翻，但仍能恢复，如果反复便秘或下痢，不断努责，则脱出的黏膜或肠段长时间不能恢复，引起水肿，最后黏膜坏死、结痂，病猪逐渐衰弱，精神不振，食欲减退，排粪困难。

（3）防治措施 必须认真改善饲养管理，特别是对幼龄猪，注意增喂青绿饲料，饮水要充足，运动要适当，保持圈舍干燥。经常检查粪便情况，做到早发现、早治疗。

发病初期，脱出体外的直肠段很短，应用1%明矾水或用0.5%高锰酸钾水洗净脱出的肠管及肛门周围，再提起猪的后腿，慢慢送回腹腔。脱出时间较长，水肿严重，甚至部分黏膜坏死时，可用0.1%高锰酸钾水冲洗干净，慎重剪除坏死的黏膜，注意不要损伤肠管肌层，然后轻轻整复，并在肛门左右上下分四点注射95%酒精，每点2~3毫升。还可针穿刺水肿黏膜后，用纱布包扎，挤出水肿液，再按压整复，之后在肛门周围作荷包口状缝合，缝合后打结应松些，使猪能顺利排粪。为了防止剧烈努责造成肠管再度脱出，可于交巢穴注射1%盐酸普鲁卡因液5~10毫升。若直肠脱出部分已坏死糜烂，不能整复时，则可采取截除手术。

参考文献

[1] 宣长和，马春全，陈志宝，等．猪病学（第三版）[M]．北京：中国农业大学出版社，2010.

[2] 焦福林，贺东昌．猪病类症鉴别与防治 [M]．太原：山西科学技术出版社，2009.

[3] 王福传，张爱莲．图说猪病防治新技术 [M]．北京：中国农业科学技术出版社，2012.

[4] 高作信．兽医学（第三版）[M]．北京：中国农业出版社，2001.

[5] 杨鸣琦．兽医病理生理学 [M]．北京：科学出版社，2010.

[6] 王雯慧．兽医病理学 [M]．北京：科学出版社，2012.